U0933428

最炙手可热的职业
最迫切需求的技能
五彩斑斓的培训师世界等你开启……

烟草培训师培训教程

The Training Course of The Tobacco Trainer

以培训“优秀培训师”为目标

以培养“职业培训师”为己任

为广大读者提供最具实战性的培训师技能

姚日来 著

云南大学出版社
YUNNAN UNIVERSITY PRESS

烟草培训师
培训教程

图书在版编目（CIP）数据

烟草培训师培训教程 / 姚日来著 .— 昆明 ：云南大学出版社，2011

ISBN 978-7-5482-0734-4

Ⅰ. ①烟… Ⅱ. ①姚… Ⅲ. ①烟草加工 — 职工培训 — 教材 Ⅳ. ① TS44

中国版本图书馆 CIP 数据核字（2011）第 252618 号

策划编辑：伍　奇　陈　曦
责任编辑：王　磊
封面设计：刘　雨

出版发行：云南大学出版社
印　　装：昆明理工大学印务包装有限公司
开　　本：787mm × 1092 mm　1/16
印　　张：13
字　　数：200 千
版　　次：2011 年 12 月第 1 版
印　　次：2011 年 12 月第 1 次印刷
书　　号：ISBN 978-7-5482-0734-4
定　　价：38.00 元

地　　址：昆明市一二一大街云南大学英华园内
邮　　编：6500091
发行电话：0871-5031070　0871-5031810

序言

在国内，培训师职业兴起并不长，但纵观培训师队伍的发展可谓迅猛。一开始是大学讲台出来的老师。改革开放之初，一部分胆子大、敢闯敢拼的人成为那个时代商场的主角。于是，“爱拼才会赢”的歌声唱出了那个时期商人的心声。第一批富起来的企业家们把公司做到一定程度的时候，开始困惑和混沌，很多管理主要依靠个人天赋和经验，慢慢感觉自己的公司经营进入了一个“瓶颈”，一些管理思想和管理方法明显不适应。为了找到解决企业困难之路，就开始重新返回校园，去聆听大学教授的教导。可是，这些老师授课过于理论，甚至有些过时，没有实践经验，无法满足这些企业家的渴望需求。

当企业家们发现大学很多知识过于理论，无法与实践有效结合的时候，开始出现一些很多在国外有过一定成功经验人士或者港澳老师悄然进入中国培训市场。这些人授课有一些显著的特点，主要以报告形式和演讲形式为主，场面大，人数多。听时惊动人心，但很多只是在场上兴奋，可对企业还是并无太大帮助。这些人所举案例大部分都是国际大公司、大集团的成功与失败案例，离中国企业实际很远。听起来很有道理，一旦结合中国企业实际，特别是自身行业内的企业，就显得隔靴搔痒了，解决不了实际问题。这个时期，管理新名词、新名称接踵而至，知识管理、学习型组织、团队建设、六西格玛、企业文化等等扑面而来。同时，站在讲台的老师开始称呼为“培训师”，注重课堂上的生动，形式上的互动，将国外的沙盘模拟、案例分享、互动教学、游戏参与等培训技巧和方法融入课堂，更加注重授课老师的声音、形象穿着、礼仪要求，从外在上更加符合培训师的形象。

2002年，作为MBA学员，我加入北京一家咨询公司做培训工作，服务对象是昆明一部分企业中高层管理人员，培训内容是MBA系列课程，主要满足尚未受过较为系统的管理人员的知识需求。在从业的头几年中，所接触的很多培训老师大部分都是从高校出来的，一部分老师对自己的形象要求比较高，一部分还是保持大学教授自身的特点，该怎么授课就怎么授课，没有与学员一定的互动。最记得有一门课程是《领导艺术》，这个老师一直坐在那儿讲，像单口相声表演。由于老师比较风趣幽默，再加当时很多昆明学员刚接触名牌大学老师，有种崇敬之情，最后评价还是比较高的。

在北京咨询公司工作期间，让我有机会接触培训，了解培训，更主要的是，笔者作为培训组织者，在每次培训会主持中，开始发现自己原来也可以站在讲台上。尤其是每一次老师课程结束后，都会认真且比较系统地归纳总结。有一次，一个企业老总觉得我培训主持得很好，决定邀请我到其企业授课。当时自己很是受宠若惊，忐忑不安。更主要的是，我向来都没有在正式课堂上授过课，也不知自己是否能够讲好。

经过一番认真准备，自己人生终于有了第一次站在讲台上授课的经历。这是笔者一个重要的转折点，开启了自己的培训师之路。虽然此次有缺憾，存在不足之处，但毕竟迈向了新的起点，发现自己的潜能、兴趣和爱好。

2005年MBA毕业后，我正式进入烟草行业，有幸成为国内最大卷烟品牌销售规模的烟草企业——红塔集团——的一名员工。这个行业，自己并不陌生，毕竟本科院校就是烟草系统的。红塔集团是国有大型知名企业，有很大的平台，有很多个人展现的机会，也有较为系统的培训体系。2005年之后，国内培训市场发生重大变化，具有丰富实践经验的培训师开始粉墨登场，部分企业大学相继建立。同样，烟草行业开始注重内部培养，红塔集团培训需求也开始发生转变，从注重外部培训到眼睛向内，挖掘企业内部培训资源。正是整个社会对培训需求发生变化，并结合自己的培训特长，先是在企业新员工培训中获得授课机会，之后在企业内部一系列培训中，自己得到越来越多的表现机会，特长得到发挥，个人价值得到体现，也得到了企业认可，多次被评为红塔集团内部优秀培训讲师。2009 年，我荣幸成为红塔集团的一名中层管理人员。

在自己从事多年培训工作的经历中，对培训有很多感触和感想，记录了不少东西，就想把这些经验整理出来，作为一种分享。毕竟，社会对培训需求会越来越多，培训师队伍会越来越壮大，更主要的是，随着学员对知识的渴望和要求越来越高，培训师队伍的素质也要相应提高。

然而，我在大学毕业的时候并不知道自己适合做培训工作，更不知道自己能成为一名培训师。小的时候，自己并不喜欢说话。如今，回到老家，说自己能够上课，而且经常到企业上课。我的叔叔听到这种说法，回答是这样的："怎么可能，小姚小的时候，话都说不清楚，还会讲课！"

这就是事实。很多培训师并不是天生能说会道，而是依靠后天努力和培养出来的。正基于此，就把自己的一些心得体会写了出来，给那些已经是培训师或者将要成为培训师的，提供一些借鉴。当然，并不是说，读了一本培训师方面的专业书籍，参加一次培训师专业培训，就能成为一名职业培训师，那就把培训师工作太藐视了。培训师职业，是一份集脑力和体力、集经验和智慧的工作。正所谓台上一分钟，台下十年功，培训师更是如此。当今社会，已经进入信息爆炸社会，培训师需要更专业，比别人学习更快。也许你需要付出比别人更多的东西，尤其在入这个行业的头五年到十年，要不断地积淀、积累，更要积极地站在讲台上，才有可能在培训师行业中有立足之地，走得更远。

烟草行业是特殊行业，在我接触的培训师中，来自烟草行业背景出身的、愿意从事培训工作的并不多，成为知名培训师的更是凤毛麟角。也许竞争还不够充分，也许自身条件还不错，愿意成为培训师的烟草职工并不多，毕竟，培训师是一个"台上风光，台下辛酸”、对知识资本要求最高、对货币资本要求最低的职业。随着行业竞争日趋激烈，行业“卷烟上水平”的深入推进，更加注重员工素质提升，加强行业教材开发，不断扩大行业内部培训师队伍，正基于此，自己就把多年的心得体会写了出来，对行业培训师队伍建设尽一己之力。书中相当部分都是自己在培训过程遇到、想到的技巧和方法。如果在读完此书之后，有一点点启示和启发，并能够应用到培训课堂实践中，那将是最大的欣慰。书中很多看法和体会并不完全符合所有人，存在不足之处，也敬请见谅。

姚日奉

2011年10月20日于红塔集团工业园

目 录

第四章
职业形象（上）

第五章
职业形象（下）

第六章
上场与下场

第七章 授课技巧

第八章 常用授课方法

第九章 培训故事

第十章
控 场

第十一章
培训师思维训练

第十二章
新时期烟草企业培训

第十三章 烟草知识

附件 1 《烟草行业发展态势与竞争格局》课程大纲

附件 2 《烟草企业部门主管人力资源管理实务与技巧》大纲

附件 3
“烟草培训专家互助互学”QQ 群简介

附件 4
“烟草培训专家互助互学”QQ 群声明

第一章
认识培训师

本章主要概述了培训师的使命、怎样才能成为好的培训师、培训师的四个阶段。通过本章学习，对培训师有一个总体认识，认清自己处于哪种阶段，设计自身培训师职业生涯。

培训师日益成为炙手可热的职业，受到越来越多的人关注，也有越来越多的人希望自己成为其中一员。

那么，培训师是什么?

培训师是一个受人尊敬的职业。尊师重教向来是我们中华民族的优良传统。

培训师是一个收入不菲的职业。成为全国知名培训师，一天收入超万元已经并不鲜见！据统计，培训师的收入一般是按天计算的，一般的培训讲师上一天课的收入在3 000至10 000元不等，平均每天在5 000元左右，而年收入在50万元属中上等水平，水平更高、名气更大的培训师则年收入往往超过100万元。

培训师是迈向管理者的敲门石。越来越多的企业要求中层管理人员必须成为企业培训师，成为员工教练，带领企业员工队伍成长，提升员工整体素质。对于管理者而言，培训是最新的领导方式，通过辅导下属，传达思想，建立关系，树立管理者个人威信。

培训师是创业者感召员工的利器。员工将通过你的指导，理解你的战略意图，明确执行方向，激发工作热情。杰克·韦尔奇不仅是伟大的CEO，也是杰出的培训师，在其自传中曾经详细阐述在通用电气作为CEO的他每年至少有20%的工作时间，是给内部的高级经理授课及与他们面谈。因此，未来的职业经理人，不仅是业务高手，更是培养员工的导师。

培训师是企业对管理、技术、技能人才进行管理的一种资源。若有一天人走了，知识、技能却能留下来。

★ 培训师的使命

一口井——人生规划

有两个和尚住在隔壁。所谓隔壁是：隔壁那座山。他们分别在相邻的两座山上的庙里。这两座山之间有一条溪。于是，这两个和尚每天都会在同一时间下山去溪边挑水。久而久之，他们便成为好朋友。

就这样，时间在每天挑水中不知不觉过了五年。

突然有一天，左边这座山的和尚没有下山挑水，右边那座山的和尚心想："他大概睡过头了。”便不以为意。哪知第二天，左边这座山的和尚，还是没有下山挑水。第三天也一样，过了一个星期，还是没有下来挑水。

直到过了一个月，右边那座山的和尚，终于有点受不了了，不断想：“我的朋友可能生病了，我要过去拜访他，看看能帮上什么忙。”于是，他便爬上了左边这座山，去探望他的老朋友。

等他到达左边这座山，看到他的老友之后，便大吃一惊。

因为他的老友，正在庙前打太极拳，一点也不像一个月没水喝的人。他好奇地问：“你已经有一个月没下山挑水了，难道你可以不用喝水吗？”

左边这座山的和尚见到朋友来，很是高兴，并拉着手说：“来来来，我带你去看……”

他带着右边那座山的和尚走到庙的后院，指着一口井说：“这五年来，我每天做完功课后，都会抽空挖这口井。即使有时很忙，能挖多少就算多少。如今，终于让我挖出水，我就不必再下山挑水，我可以有更多时间，练我喜欢的太极拳。”

◇ 思考：从这个故事中你有何感悟？

《一口井——人生规划》是笔者每年给新员工讲授《职业生涯规划与管理》课程时的一个故事，也有自己的一些人生感悟。

命运决定于你每天下班之后在做什么！也许一天不会改变什么，一星期不会有太大的改变，但是，三年、五年、十年之后，日积月累，改变的结果就是现实中人与人之间的差距。人生需要规划，否则你就像流星一样，最后虽然也燃烧殆尽，却不会留下任何痕迹。

多做一点，坚持去做，就会作出一番事业。

目标不是空洞的口号，需要行动来证明。预备——开始！今天开始把目标计划订好，然后就按部就班来行动。重要的不是每次做多少，而是每天都要做，坚持去做！

当用铿锵有力的语气读出人生感悟的时候，很多新员工都为之震撼。多年以后，再与这些员工进行座谈，回顾当年的故事，又是一番感悟。毕竟，五年、十年过去了，有的人成为所在岗位的技术能手，甚至是行业的领军人物；有的人竞争上管理岗位，成为企业中层管理人员；有的人成为企业培训师，正在为企业作知识贡献和企业文化传播……

再反问一下我们现实中的周边每个人，包括自己身边最亲的人、最好的朋友，有多少人开始迷茫，开始委靡状态，此时，再经过培训师的启迪，触动式的激发，可能又有部分人唤起曾经的激情，开始以一种全新的状态投入工作当中！

因此，培训师是师者，传道、授业、解惑也！培训师是职业人生的领航人，是职场人士的导师。当你一句人生感悟，一个娓娓道来的故事，所启发的人生哲理，将会可能影响他人一生，可能改变他人的一生命运。

当自己明白培训师是什么的时候，无论你何时站在讲台上，讲什么内容时，都能明白自己的责任和使命。

也就是说，从站在讲台上的那一刻开始，或指导他人时，就知道自己肩负着一个很重的责任，你如何看待这份责任？是重量？是负担？还是全心地投入？毕竟，你正在带动你的学员们进行行为的改变和人生价值的思考，仅此，对于每个学员来讲，他们的生命就会发生变化，他的生活方式就会发生变化，而这些变化就是因为你的一个故事启发，一个感悟启迪。

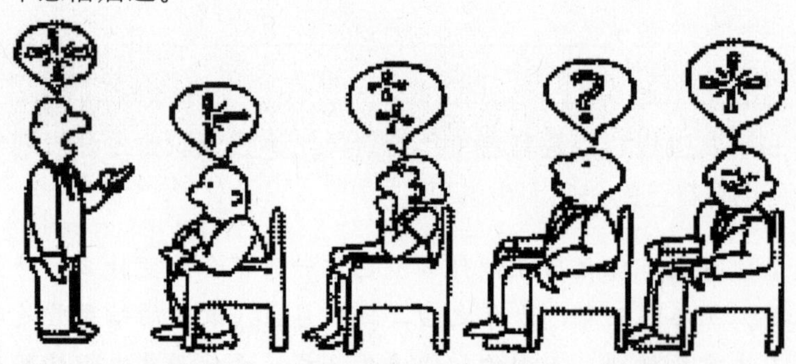

图 1–1

◇ 从这幅图中你看到了什么？请记录下来：

____

____

____

讲台即人生舞台，你在课堂上，面对众多学员渴望着知识的眼睛，你可以做些什么？

试想一下，在你的生活中最敬重的一个人，他带给你一生什么样的变化？他对你的一生道路起着怎样的影响，而这个人也一定是你人生的领航者。孔子、马云、李开复、郎咸平、卡耐基这些培训大师都是这样的人。职业培训师是一个高尚的职业，是一个对知识资本要求最高、对货币资本要求最低的职业。

* 培训师使命：成为职业人生的引航者

如果你是职业培训师，你将是职业人生的引航者，帮他人校正目标；是职业人生的领飞者，与他人一起飞，让优秀者飞得更高……

读到这儿，请你合上书，闭上眼睛仔细想想，你想不想成为培训师，愿不愿意成为生命引航者。

◇ 下面的空白，是留给愿意成为生命领航者写下自己郑重的承诺的。

我是______________________________，我愿意成为一名职业培训师！

差老师的去处

在很久以前，有一位老师不幸死去，来到了地狱。因为在他生前做了不少亏心事，就主动向阎王要求到第18层地狱。

阎王眉头一皱，不同意。

这位老师心里想到，自己已经够主动的了，为什么阎王还不同意呢？

阎王严肃地对他说："你必须要到第19层地狱！"

那位老师郁闷地问："为什么？"

阎王爷训斥道："因为你犯了的是人间最大的罪：误人子弟！"

◇ 当你读完小故事的时候，有何感想？

____

____

____

竞聘秘书职位

在一次上级主管部门招聘秘书岗位笔试考试中，小张以优异的笔试成绩位于前列，接下来将是面试。于是，他就前来咨询笔者，怎样才能更好地面试。作为职业的人力资源管理工作者和培训师，自然而然地说出自己的一些想法和注意事项。针对小张竞争的是秘书岗位，提出三点建议：

一是假如作为秘书，怎样才能让人看起来很职业呢？那就是时时刻刻拿着笔记本，把领导转瞬即逝的精彩言语记录下来。

二是结合他自己有市场营销的优势，围绕烟草行业“卷烟上水平”和上级主管部门关注的品牌发展焦点问题，谈谈自己的“高论”。

三是把自己将来可能要服务对象的特点掌握一清二楚，那么，就需要对其过去演讲的讲话稿背得滚瓜烂熟，并灵活加以运用，具体而言，就是按照服务对象的语气来表达。这就是投其所好，让关键应聘人觉得这就是我的知音，正是自己想要找的人。

后来，小张顺利竞争上岗，成为一名更高层次的秘书。在与上级人力资源部门负责人谈起小张的时候，对其赞不绝口。一是文章写得好，字写得好，没有一个错别字，而且还是名牌大学毕业；二是很职业，一看就是当秘书的，几位面试人员，就其带着笔记本。

很多时候，人们更注重外在，外在符号更能让人留下深刻印象，因为外在比内在更好判断。

◇ 当自己读完这个小故事的时候，有何感想？

当你读完这个案例的时候，是否似曾相识？你是否也喜欢与人分享？是否在很快的时间内，很有逻辑地告诉你的朋友、同事和学生一些具有价值的东西？是否在某些专业领域，别人一遇到类似的问题，就会想起你，并愿意前来请教？是否经常把日常的总结和心得记录下来？

假如这些问题的回答全部是“是”，那么，你具备很强的培训师基础，而且你很快将成为一位职业培训师。

要成为一名职业培训师，需要具备“五好”。

好 说

好说，就是指口才好。无论培训师多么有经验，课程内容有多好，都需要一张嘴表达出来，口才对培训师至关重要。中国市场协会开设一个市场总监认证的培训课程，在挑选老师时，更加注重语言表达能力。不管是多么有实力的专家，如果语言表达不能让学员打 85 分以上，就一律辞退。当然，针对市场营销人员需要很强的表达能力，最好是口若悬河。但对于做技术的，能说会道最好，但不完全是，只要喜欢与人分享，能够把自己的知识、经验说清楚，能够让大家听明白就可以。当然，能够娓娓道来最好，用形象的语言通俗地表达出来最理想。这需要自己不断总结、磨炼和提升，从而找出适合自己的表达方式，比如，假如自己在口头表达能力上不是很擅长，可以通过演示、游戏、视频等方式弥补自己的不足。要成为好的企业培训师，前提是自己愿意并且喜欢分享自己的知识、经验和技能。

好 学

善于学习是培训师的基本技能。一位优秀的培训师，不仅需要很强的实战经验，还需要足够的理论知识水平和非凡的思考、归纳、总结能力。否则，只有经验，没有理论知识，只会让学员觉得知其然不知其所以然。同时，通过理论学习，从而让自己能够更深入的思考。

培训师的工作职责就是传道、授业、解惑，有一桶水才能传授给学员一碗水。一般而言，一天的上课时间大约 6 ~ 7 个小时，培训师讲授出来的内容，打印出来就有可能比书本还厚。这单靠死记硬背讲出来，重复理论的东西，培训是很难取得效果的。这就需要培训师积累、思考、积淀，形成自己特有的知识体系，那依靠什么？学习，学习，再学习。所谓“台上一分钟，台下十年功！”

好“色”

在五彩缤纷的世界，我们喜欢什么？那么，作为培训师，是否清楚自己是什么“颜色”？也就是说，作为培训师，应该很清楚自己的特色。假如你是设备维修专家，就形成维修方面的培训特色；你擅长营销，就做营销方面的培训特色，从而在自己的优势领域形成差异化，在激烈的培训市场竞争中脱颖而出。

图 1-2　你好哪一“色”

作为职业培训师，要清楚自己的定位，不要奢求自己是“万金油”，样样都精通。这世界有全能的人，但要认识到自己的不足。尤其在起步阶段，一定要找到适合自己的突破口。毕竟，培训师不仅只是讲，还需要教别人如何做。这个时候，自己没有实践，说的时候不专业，讲的时候心里没底，那么，就无法有自己让人信服的方面。窗外春色连万里，高人头上有高人。同样，在面对机会的诱惑，舍得也是一种艺术，否则，一旦丧失口碑和信誉，是很难在培训师队伍中有立足之地。正所谓“取法乎上，所得乎中。取法乎中，仅得乎下。取法乎下，仅得乎下下。”

好　动

培训师上课，不是老师授课，更不是领导讲话，需要过程互动，才能达到结果生动。

一是上课要走动。上课必须走动，至少需要站着，除非年纪很大的培训师，或者自己就是这种风格，比如曾仕强老师。除非因体力原因可以原谅外，否则都需要走动。从行为学角度来看，走动可以让学员在学习过程中，随老师的走动，达到转移视角、消除疲劳的效果。同时，通过走动，才能与学员接触，必要时走到一些注意力不集中的学员旁边，学员自然就会缓过神来。其实，当老师施行互动形式授课时，必然就需要走动。

二是形式要互动。随着现代社会经济发展，科技进步，使得上课的形式变化多样化成为可能。假如只是一种演讲方式，一种声调，犹如广播员，很难让学员长时间集中精力。那么，怎样才能让学员学习效果更好呢？那就是形式要互动，要让学员思考、参与和分享。更关键的一点是，有些学员具有很强的实战经验，在实际操作上比老师更丰富。如果小看学员，高高在上，也许会让自己“死得很难看”。很多时候，学生是老师的老师。优秀的培训师能够充分调动学员，共同参与，激发学员潜力，始终在坚持使用共享或分享，从而在互动中相互学习，在互动中获得启发。

好　写

培训师不可能总是重复别人的东西，这样的讲师没有价值。学员不比讲师傻，可能更聪明，大师的观点，学员可以通过很多种方式学习，如果看书可以，那就没有必要专门来这里听你讲。如果没有自己的思想，没有自己的理论体系，自然会被社会所淘汰。

想法哪里来？说法哪里来？需要依靠写法。写东西是伤精费神的事情，也是考验一个培训师能否快速成长的途径。古人说，好记性不如烂笔头。同样，对于培训师，要把日常好的想法、好的精彩案例记录下来。这样长期坚持去做，有以下几方面好处：

一是记录下来，不会让自己忘了。很多知识亮点也许都是灵光一现，如果没有及时记录下来，很快就会忘记，甚至消失了。

二是让零散的知识形成体系。通过不断记录和积淀，很多知识可以串联起来，从而形成自己独特的知识体系。

三是把自己的想法和说法写出来，可以让更多的人分享自己的知识。

也许刚开始的时候，感觉写下来很困难，不容易。但随着时间推移，当记录成为一种习惯，你不想写都难了。此时，你已经开始进入另外一种状态、另一种境界了。

如果自己还不是职业培训师，原因不在于你的内因，而是外因，可能是你还没有平台展现，可能是没有经过专业的职业培训师培训。

接下来，明白自己应该做什么？学什么？补什么了？

＊ 培训师的四个阶段

培训师不是每个人都想当，也不是每个人都能成为优秀的。不想当培训师的几个理由：

“自己工作忙，没有时间”；

“言多必失”；

“我水平还不行，讲不了”；

“太辛苦，不是自己的工作职责”；

……

不过，随着时代进步，越来越多的人希望自己成为职业培训师。

培训师作为一个职业，不是一天两天就能培养成的，需要阶梯式成长，一般需要经过以下四个阶段：

第一阶段是成为“学业”型培训师

刚刚认识这个职业，并渴望成为一名培训师。此时，你不知道如何成为培训师，但很幸运，你有机会接触培训。比如说，你成为培训公司或者培训组织工作者，对培训工作开始有所了解，有所触动，萌生渴望成为一名职业培训师的愿望。

第二阶段是成为“事业”型培训师

在实践工作当中，成为培训师是因为自己在某些方面有特长，希望通过知识贡献的方式，让个人专长分享出来，从而让更多的人掌握自己独特的技能。为了让自己的技能贡献出来，就得研究自己当前所擅长的专业领域，学习自己专业技术领域的知识、技能，形成体系，以课堂的方式讲授出来。此时，自己经常无从下手，不知从何说起。往往是按部就班地讲授自己准备内容，从来不考虑学员是否接受。或者就是按照自己的意愿讲授内容，不会根据不同的学员作讲授内容调整或针对性的案例举例，自己还是一成不变地讲解。

典型例子是QC式宣贯企业文化。笔者遇到过这样的宣贯企业文化课程，通过专人制作课件，一人播放课件，另外一人宣读课件内容，一个声调，一个表情，一如既往地按照自己的方式讲授课件内容，这是典型的就事说事。

不过，虽然在就事说事，效果不是很理想，但已经迈出了迈向培训师关键的一步，大胆开口说事，敢于公开说事，而且在众多人面前说事。

第三阶段是成为“专业”型培训师

在“事业”型培训师阶段，更多的是把自己所掌握的知识和技能展现出来，只关注自己知道的并说出来即可。至于学员是否掌握，能否理解，很少顾及。尤其在把握学员需求和课堂互动能力很差，课堂效果不理想。这个时候，就需要参加一些专业的培训师技巧技能培训，或者参加一些专业培训公司举办的名师品牌课程，并在其中学习如何让自己的培训更受欢迎，让自己懂得分享自己的知识技能。

第四阶段是成为“职业”型培训师

除了自己很专业之外，自己还要很敬业。热爱培训，热爱自己所讲授的内容，把自己的工作当做事业，并能够熟悉各方面知识。有的老师让我们刮目相看，是因为培训师在台上能够引经据典、道古论今，动不动就给你来一个例证，你会不自觉地对讲师肃然起敬。这个时候，培训师不仅掌握了自己的专业知识和技能，懂得与学员分享的技巧，还懂得天文地理，了解经济历史，旁征博引，高谈阔论，从而让你在学知识和技能的过程中，更懂得做人做事，懂得人生道理，从而醍醐灌顶，豁然开朗。

记住，要想成为一名职业培训师，专业知识和技能是根，授课技巧和方法是道，综合知识是法。

文章链接 1：

小议企业培训导师的职业生涯

笔者在一次企业培训师培训中，在做培训导师游戏时，有一名学员请教了一个问题：什么是职业生涯？可是，相当部分学员的回答很不令人满意。

为什么如此难以回答。

有人说，这个过于专业，不好回答。

我不禁要问，这很专业吗？

作为旁观者，我看到和听到的，都令人惊讶。为什么呢？

因为作为职场人士，居然不知道何谓职业生涯？那么，敢肯定，很多人是不知道职业生涯规划。也就是说，当一个人不知道自己未来几年，甚至是未来三年内将成为什么，我想，除了忙忙碌碌、盲盲目目、茫茫然然外，还有什么呢？包括这次培训的企业培训师，不排除有一部分人是领导安排来的，而不是自己想来的。

为什么会出现这种情况，笔者开始反思。一是我们从小到大，都是父母一手策划的，包括自己的名字，到后来选择自己大学要读的专业。二是长期以来所谓的“铁饭碗”思维，到大学毕业之后，任何职业发展都是组织一手安排，自己没有任何选择权，最后就懒得想自己的职业生涯了。

正是这种思维和惯性，使得我们似乎忽略了平时最需要关注，但却忽略了的人生最重要的事情。

这是谁的悲哀：个人？企业？还是社会？

笔者不知道。但有一点，如果笔者不知道五年之后将能做什么，不知道能做好什么，这是可悲的。

作为企业培训师，有一门课是必修课，那就是《职业生涯规划管理》。原因很简单，首先懂得管理自己，才能更好地指导别人。否则，就是像大学上课，不知道大家需求是什么，照本宣科，甚至就是对牛弹琴了。只有知道你所培训的对象将来想成为什么，目前想要什么，才会更有针对性地满足大家需求。对于学员而言，最大的需求就是他们将来想成为什么，目前正缺少什么，你将带领他们怎样去补缺。因为想要的才是最需要的，最需要的才能产生最大动力。

遗憾的是，我们并不知道或者知道的并不完全，因为相当一部分人根本不了解什么是职业生涯。

有的人，职业生涯是组织安排的；有的人，职业生涯是自己决定的。当然，组织能够培养你，是你的幸运。遗憾的是，组织经常只会照顾少部分人，而对于大多数人而言，职业生涯需要自己选择，更需要依靠自身努力去实现。

笔者认为，职业生涯规划就是指一个人在对已经走过的人生职业轨迹进行总结基础上，并综合分析现在条件，按照自己设定目标描绘未来职业轨迹，并在确定时间内逐步实现目标。

那么，如果你想成为优秀的职业培训师，就是你未来职业目标。而这个目标需要结合自己现在实际情况，综合评估基础上作出决定。比如，如果让笔者成为姚明那样的篮球巨星，恐怕是下辈子的事，因此，笔者不适合，更不可能成为篮球巨星，毕竟，身材条件和自身潜在素质就已决定了。

正如爱迪生说的："天才是1%的灵感加99%的汗水，但是我认为，那1%的灵感，比99%的汗水更重要！"可是，学校老师只说了前半句。

（姚日来/文）

文章链接2：

企业内部培训师的忧思

在一次企业内部培训师培训会上，一个学员提出这样一个观点，那就是担心会"教了徒弟，饿了师傅"。因此，对于他个人而言，最担心遇到一个徒弟，如果是小人，一旦这个徒弟得志，那他就惨了。

这个学员一提出这样的观点，马上引起学员们议论纷纷。其中，有的学员反对这种观点，觉得企业内部培训师就应该无私奉献自己的技术和能力，与企业共同成长。

当笔者听到“教了徒弟，饿了师傅”这样的观点时，如何解释这种状况呢？

首先，笔者十分赞同学员能够在企业内部培训会上提出这样的观点，因为这不是个别现象，而是相当多的企业内部培训师都存在这样的忧虑。毕竟，在企业内部，作为师徒关系，一旦与经济利益挂钩，还是有利害冲突的。这位学员能够代表相当部分的学员反映自己的真实想法，说的是真话、老实话，值得肯定。尤其作为生产一线的技术人员，很多技术是独门绝技，更是自己所在岗位的看家本领，就如武林中各个门派的独门武功，一旦外传或者被学，就意味着这个门派在武林中失去应有的地位。作为技术人员，这种担忧和顾虑是很正常的。

当然，笔者很赞同有学员提到，作为培训师，就应该无私奉献自己的技术、无私奉献自己的水平。不过，这种人毕竟是少数，而且能够长期坚持无私奉献的人更是凤毛麟角。

其次，笔者就表达了这样一个观点，关于小人和君子。孔子曰：“君子喻于义，小人喻于利。”社会上经常有一种不太符合实际的观点，那就是喜欢把所有人分为两种，一种是小人，另外一种是君子。笔者觉得这并不太准确，也不符合实际。在这个社会上，君子是有的，小人也是有的，但完全是君子，完全是小人的，也毕竟是少数。而绝大多数人都是君子和小人的混合体。怎么理解呢？比如，我们有的时候会表现出非常大度，这个时候体现的是君子风范。可是，有的时候我们变得面目狰狞，此时，我们变成了小人。也就是说，对于普通人而言，都是君子和小人的混合体。因此，当不是君子的时候，就以小人看待他人，那是有点偏颇了。

第三，对于培训师而言，应该有一种奉献精神。奉献什么呢？任何一种知识，任何一种技术，死守不放，意味着停滞不前，意味着原地踏步。我们很多时候，不是因为社会把自己淘汰，而是自己把自己淘汰了。这种被淘汰的原因就是一种态度，一种格局，一种做事风格。其实，任何知识，通过共享，通过交流，是可以相互促进的，相互成长的。有位哲人说过，两个苹果相互交换，每个人只有一个苹果；两个人互相交换思想，每个人就能拥有两个思想。思想有倍增效用，让彼此共同成长。

何况，很多时候，技术只是一种解决问题的方式，而解决问题方式的背后，是解决问题的思维方式，这才是最为关键的。比如，有这样一个案例，一位卖钢化玻璃的营销冠军分享自己之所以能够成为营销冠军的原因就是拿着锤子当客户面砸钢化玻璃。第二年，这位营销冠军还是成为营销冠军，大家对此很是不理解。因为大家都学着他的方法做推销。可是，第二年，大家并不知道，这位营销冠军是拿着锤子让客户自己去砸钢化玻璃。也许只是一种细微的变化，背后是一种解决问题的方式，一种超前的思维方式。这才是一个人之所以走在前列的根本原因。作为企业内部培训师，我们不仅要舍得送别人“鱼”，而是教给别人技术，“授人以渔”，那就是让自己和别人都能获得更多技术的思维方式。只有这样，才会真正地让自己永远不会被社会淘汰。

最后，笔者提出一个大胆的设想，那就是站在企业角度来解决这个问题。既然企业内部培训师会有“教了徒弟，饿了师傅”这种想法，而且是一种普遍现象，作为管理者，不能把希望寄托于每个人都具有奉献精神，都能够理解自己不进步意味着停滞不前，那么，就需要找一种方式进行解决。

怎么解决呢？那就是企业建立员工职业发展通道。通过员工职业发展，享受企业高薪水和高福利，那就应该分享自身技术，与企业共同进步，比如若要成为企业首席技术人才，必须通过相应的编写课程和授课来达到分享知识和技术的目的。同时，为了避免担心自己技术一旦被人学走，导致被动局面，可以通过建立企业内部培训师成长通道。一旦被聘为企业内部培训师，就会享受相应的福利待遇，那么，就没有必要担忧被人学了技术，掉了饭碗的问题。

（姚日来 / 文）

第二章
了解培训对象

本章主要概述了认识“学习”、成年人学习特点、成年人学习八大法则，培训与教育区别，培训对策内容。通过本章学习，作为培训师，能更好地掌握成年人学习特点，更好地服务学员，满足成年人培训需求。

培训师不等于是学校课堂上的老师，更不是讲台上的领导，所服务对象也是不同的，是成年人。这些人在工作中已经历练几年或者即将步入社会的大学毕业生，对知识的需求心态已经发生了改变。

也许你还不是培训师，渴望成为职业培训师，却还是不知道要怎样才能满足所服务对象的需求。此时，你的困惑正是职场人士的困惑。

回想当年自己意气风发大学毕业的时候，步入职场时，你是否有一种强烈的愿望：

我将来在企业能做什么？

我到企业具体岗位做什么？

我到了这个岗位怎么做？

如何才能做好？

具体流程是什么？

应该注意事项是什么？

该往何处下手？

怎样才能得到主管认可？

如何才能与同事处理好工作上的关系？

诸如此类的问题，你可能会有上百个，甚至是上千个问题。

这属于正常现象，正如你现在可能会问同样的上述问题，毕竟，你将进入另外一种职业，这种职业你以前没有做过，而且也渴望能够做好，所以你需要了解、熟悉、熟知。

* 认识“学习”

“好好学习，天天向上”，这是挂在教室黑板上方的座右铭，我们从小一直被灌输到大。可我们真的理解学习的内涵吗？

学习一词，是“学”和“习”两个字复合组成的词。最先把这两个字连在一起讲的是我们伟大的先导——孔子。孔子说：“学而时习之，不亦说乎？”意思是说，学了之后及时、经常进行温习，不是一件很愉快的事情吗？

在古汉语中，学的繁体字是“學”，从字面组合的意思是一位学者捧着一本书，在房子里面教学子学习，是在传授知识。而习的繁体字是“習”，是指小鸟在太阳升起之时练习飞翔。不难看出，“学”更多是指闻、读、见，是获得知识、技能，主要是指接受感性知识、书本知识和思想等。“习”更多是指巩固知识、技能的方法和途径，一般有三种含义：温习、实习、练习，通过行动和实践得到提升。因此，学习就是获得知识、形成技能、培养聪明才智的过程。

以前我们通常把“学”同“习”看成是一件事，认为看看书、听老师讲就是学习了，这就如同认为思想是一张空白的纸片，等待知识在上面“涂画”，而老师的职责就是不断地、稳定地输送信息和智慧来填充学生的空白。典型的传统教育——“填鸭式”就是例证。然后，受教育的人就能够随心所欲地使用这些丰富的知识来处理日常的问题。因此，我们至今仍然会倾向于认为：只要把内容教授给别人，别人就应该能够懂得。过去我们更多的是在“学”，通过读书、老师教诲获得知识，明白道理。可一旦步入社会，我们更渴望获得技能，懂得把知识转化为实际操作方法，此时，更需要“习”。那么，作为培训，解决的不再是“学”，而是怎样“习”。也就是让学员知道如何学？学到了什么？怎样学才能更有成效？

现实是成年人有着丰富的实践经验和人生阅历，虽然很多人也都是在“学习”，但相当一部分只是在“学”，而不在“习”。学习不是被动的、单向的，学习不只是看、听、读，学习是全身心的，而且还有更重要的一点，那就是假如学习不能使行为跟过去有所不同，或者能够提供更多的选择，那么，这样的学习成效就可见一斑了。这就是为什么很多人会说，学再多也没有用，背后的原因就在于此了。

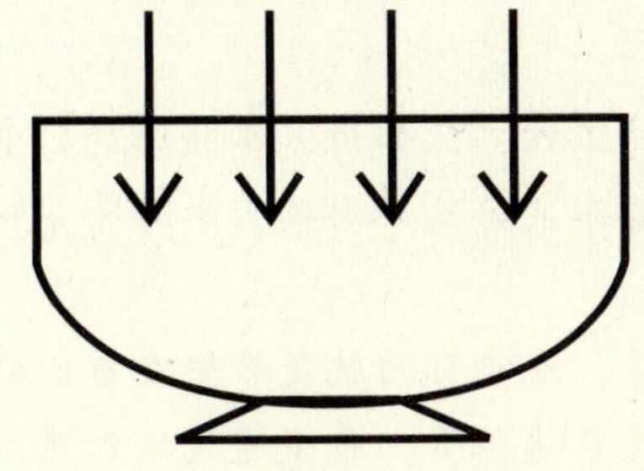

图 2-2

全身心的“学”和“习”像宽口大碗

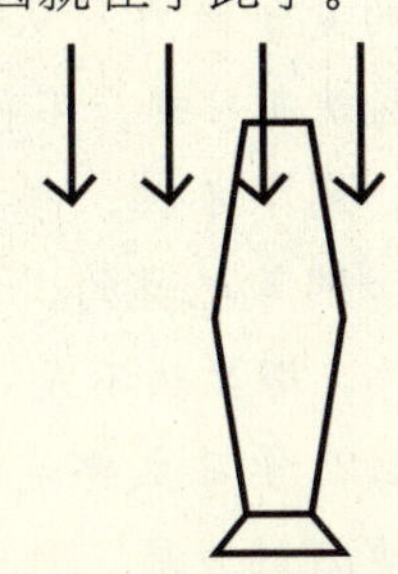

图 2-1

普通“学习”像窄口花瓶

作为学习者，现在都知道学习能够并且应该包含更多的内容，而不仅仅是事实的陈述。学习不应该是一种观看的行为，应该是一种自然的学习过程，它建立在人们自己学习的方法之上。儿时学习到的所有基础知识，不是坐在教室里读一本书或坐在电脑屏幕前学习，而是通过我们的身体、思想与外界相交流学到的。当自己长大接受了一系列结构式教育，就不再是真正的学习了。真正的学习是使人们行为发生改变的“学”和“习”，学什么？它包括获得关于观点、价值、技艺和原则的意识，而且今天已经认识到态度是教学中最为重要的一个方面，人们学了态度、知识、技能，通过

“习”来不断地练习，把所“学”变成新的行为习惯。而真正的培训就是可以帮助你“学”了而且“习”了，达到了真正的学习效果。

案例讨论：

学习为了什么

不同层面的人，对学习目的的理解是完全不同的。

对于学生，有人说，学习是为了获得知识。的确，在小学、中学，学习为了获得知识的成分占很大比重。可是，当学生迈入中专、技校或大学校门的时候，学习为了获得知识的成分比重就变小了。原因是学生需要面临一个问题，那就是学校毕业后要就业。如今，很多学校毕业的学生意味着失业，形势严峻。那么，当作为毕业就要就业，面对社会竞争的学生而言，学习更多的是为了就业，找到一份好工作。比如，你会参加各类国家技能资格考试，参加公务员考前培训班，这些都是为了通过考试达到就业的目的。其实，在小学、中学的学习，为了获得知识，最终目的也是通过拥有知识，提升自己的竞争能力，从而达到就业目的。只是，小学、中学的时候，知识积累不够，无法达到就业目的，不得不充分吸收知识。

到了企业，到了单位，当拥有一份比较惬意的工作，比如进入垄断类的行业，诸如电信、电网、烟草之类的，或者你所在地的优秀企业。这个时候，学习为了什么？为了找到好工作，那显然不是。

那为了什么？学习主要是为了提升自己的素养，最终目的就是希望在自己的职业生涯上有一个更好的发展。比如，你是新入单位的普通职员，希望通过培训达到岗位基本要求，从而能够胜任自己的工作；当对自己的岗位工作比较熟练，而且达到胜任的要求，你就希望通过培训，一是希望自己在这个岗位上的工作能够出类拔萃，二是能够了解公司更多的岗位技能，从而也能胜任其他工作。通过自身努力，不断学习积累，目的就是能够在自己的岗位上得到认可，最终就是体现在职位、职务的提升，能够成为管理人员，能够成为更高级别的技术人员。当然，成为更高级别的技术人员，组织需要在精神和物质上得到体现，否则，员工的学习积极性就不高。

对于高层管理人员而言，不断加强自身学习由于职业通道的封顶，学习目的主要是让管理更加有效，让组织更具有效率。

不难得出，对于绝大部分人而言，希望通过学习提升自己能力，做好岗位工作，让工作更加有效，目的是获得个人更好的发展空间，也能让组织能力得到提升。

我们也会看到，有一部分人已经是社会精英，比如享受国家津贴的教授专家，为什么还要不断地学习呢？原因很简单：继续通过学习，积淀更加丰富的知识，保持自己在所从事工作领域内处于领先位置。

学习也需要理由，但不同的人对为什么要学习，理解是不同的。随着人自身的成长，在不同的层次，不同的环境，对学习的需求也会发生变化。

◇ 思考：你觉得成年人学习目的是什么？

---

* 成人学习特点

人的学习是有自身特点。人生而不同，但有些东西是共性的，比如，人的大脑喜欢色彩，喜欢问题。有一种现象，在人的脑海中，为什么留下来的十之八九都是痛苦的呢？其实，在日常生活中，十之八九都是高兴或者一般的事情，可我们记不住，而记住的却是不高兴的事情。原因是不高兴的事情让我们产生压力，使得我们去思考，去总结，去感悟，去联想，从而强化我们的记忆。因此，经过思考、总结或者感悟的知识记忆会更加深刻，保持时间更加长久。

人的大脑和记忆是神秘的。研究人员认为，记忆是一个过程，并且当你记忆的时候，实际上就是你把保存在大脑中零零碎碎的信息进行重建。但让人不解的是，究竟是什么东西引发大脑开始这个重建过程呢？这个谜团继续等待科学家们去寻找答案，但有二十个事实是已经被科学家证实了的。

资料链接：

关于大脑秘密的二十个已知事实

1. 大脑喜欢色彩。

2. 大脑集中精力最多只有25分钟。

3. 大脑需要休息，才能学得快，记得牢。

4. 大脑像发动机，它需要燃料。

5. 大脑是一个电气化学活动的海洋。

6. 大脑喜欢问题。当你在学习或读书过程中提出问题的时候，大脑会自动搜索答案，从而提高你的学习效率。从这个角度说，一个好的问题胜过一个答案。

7. 大脑和身体有它们各自的节奏周期。

8. 大脑和身体经常交流。如果身体很懒散，大脑就会认为你正在做的事情一点都不重要，大脑也就不会重视你所做的事情。所以，在学习的时候，你应该端坐、身体稍微前倾，让大脑保持警觉。

9. 气味影响大脑。

10. 大脑需要氧气。

11. 大脑需要空间。尽量在一个宽敞的地方学习，这对你的大脑有好处。

12. 大脑喜欢整洁的空间。

13. 压力影响记忆。

14. 大脑并不知道你不能做哪些事情，所以需要你告诉它。用自言自语的方式对大脑说话，但是不要提供消极信息，用积极的话代替它。

15. 大脑如同肌肉。

16. 大脑需要重复。每一次回顾记忆间隔的时间越短，记忆的效果越好，因为多次看同一事物能加深印象，但只看一次却往往容易忘记。

17. 大脑的理解速度比你的阅读速度快。用铅笔或手指能辅助阅读吗？不，用眼睛。使用这种方法的时候，需要你的眼睛更快地移动。

18. 大脑需要运动。站着效率更高。

19. 大脑会归类，也会联系。如果你正在学习某种东西，不妨问问自己：它让我想起了什么？这样做能帮助你记忆，因为大脑能把你以前知道的知识和新知识联系起来。

20. 大脑喜欢开玩笑。开心和学习效率成正比，心情越好，学到的知识就越多，所以，让自己快乐起来吧！

◇ 作为职业培训师，关于大脑秘密的二十个已知事实给我们什么启示：

由于受到客观环境和自身成长的影响，在学习能力或者学习方法上，成年人与学校学生学习是存在差异的，具体体现以下方面：

成年人可以不断从自己生活经历中学习；

成年人学习具有很强的目的性，往往是为了解决当前的问题；

成年人有自己的价值观判定标准；

成年人有很强的成就感，需要提供反馈和认可；

成年人学习动机是自发性的；

成年人喜欢参与；

成年人之间都是学习的对象。

那么，请结合自己思考，你将考虑以下问题：

◇ 课程如何安排？

◇ 时间如何把握？

◇ 课件如何制作？

◇ 授课提问技巧。

＊ 成人学习八大法则

当你决定要上一门课程时，请在开始之前，认真思考人的学习特点和成人学习法则。毕竟，你所服务的对象就是你的上帝，他们的评价高低将会决定你的未来发展前景。你应时时保持谦虚谨慎的态度，认真研究他们的需求，结合自身优势，发挥特长，从中找到上课的兴奋点，从而让你的课程切合实际，游刃有余，那么，当你站在讲台上的时候，成就感和幸福感油然而生。

下列八大成人学习法则会让你的课程更切合实际：

1．激励原则，努力营造有意义和鼓励性的学习氛围。

2．参与原则，让学员思考并有效搜集信息和运用信息。

3．丰富原则，注重多重感官、音乐艺术、课件色彩等心理需求的应用。

4．实用原则，更多的是启发性思考和实际技能提升，而不是理论灌输和解读。

5．联想原则，充分应用全脑学习，挖掘潜意识使学习变得更富有创造力。

6．重复原则，有效组织学习方法，整合内容和顺序，不断强化效果。

7．简单原则，多用通俗易懂的语言、案例分析和形象比喻。

8．适度原则，课程节奏、情境、难易需要适中。

＊ 学习金字塔

请你记住：无论采用什么样的培训技术和方法，都应该适应人们的学习习惯。心理学已对学习问题进行了多年的研究，上述的八条法则可以说是其中的归纳，在设计各种培训计划时应考虑到一些基本的学习原理。

在此基础上，人们总结出学习金字塔，这对你的学习应该有很大的帮助和启示

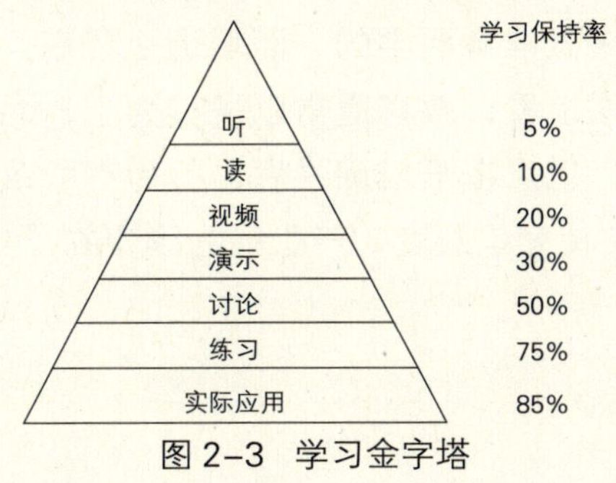

图 2-3　学习金字塔

◇ 由图 2-3 的学习金字塔中，你学到了什么？做个记录：

____

____

____

⋆ 培训与教育的区别

培训是学习的一种方式，教育也是学习的一种方式，二者有着本质的不同。具体体现以下方面：

表 2-1　培训与教育的区别

	培　训	教　育
主　导	以学员为中心	以老师为中心
目　的	学以致用	提升素养
主　体	在职人员	学生
内　容	实践性、应用性	理论性、系统性
过　程	注重反馈、积极强化	强调灌输、消极强化
方　法	讲演练一体	讲授
时　间	终生性	阶段性

培训不仅能够让学员学到知识和理论，而且通过习来获得演练、实践，从而发生

行为上的积极改变，整个课程都是以学员为中心，目的是学以致用，能够解决学员的实际问题，至少能够启发学员思考，举一反三，最后落脚点是提高工作的整体绩效。从培训对象来看，培训师面对的是企业在职人员，而教育面对的更多的是学校学生，即使是在职学习也是为未来做准备而学的，而培训是现在、当下，学员希望通过当前学习就能有所改变。从方法上看，教育通常以讲授为主，而培训通常是“讲—演练”为一体，通常学习时间短，重点在于培训过后，行为有所改变。从最终获得上，教育通常灌输知识，而培训则要使知识裂变，产生行为改变的“知识酶”。

＊ 培训对策

针对成年人的学习特点以及培训自身的特殊性，培训师在实际操作过程中，应注重思考以下问题：

图 2-4

是否以学员为中心，注重实际问题的解决？
是否符合学员当下需求？
学员通过学习在哪些行为能够发生变化？
培训安排是否循序渐进？
课程内容是否少而精，难易适中？
学习情境安排是否恰当？
是否有意安排学员发表见解？
是否采取多样性教学方式？

过去受教育的学生只能扮演被塑者的角色，其学习经常被限制在特定的时间和空间里。但对于绝大多数在职人员，他们已经有了人生的具体目标，这样做则是不相适应的，因此，要牢固树立“以学员为中心”的培训理念，一切从有利于成人学习者学习的角度来考虑问题。

1. 要学以致用

结合成年人具有丰富的实际经验，培训师要着眼于理论在实践中的应用，以任务为导向，把课堂内容与学员的工作、生活实践结合起来，引导学员参与课程有关的工作实践，解决实践问题。多采用小组讨论、鼓励学员参与发言，引导思考。

2. 内容要少而精，适时更新

结合成年人学习有着较为明确的学习目的。对于企业而言，组织员工培训，花费大量的人力、物力、财力，那么，需要能够实实在在地提升员工绩效。对于员工而言，参加培训，希望能够获得技能提升，提高自身竞争力。所以，培训内容必须少而精，须针对企业特点和特殊岗位需要，真正能够解决实际生活和工作中遇到的新问题，满足他们学习的“功利心”。

3. 培训过程要循序渐进，及时反馈与强化

由于成人学习者受固有价值观影响，容易产生学习焦虑情绪，害怕失败，抗拒新知识和新变化。培训课程按照由易到难、由简单到复杂、由小组活动到个人活动的顺序安排新内容的学习，并及时给予学习结果的积极反馈，不断鼓励，所选定的最好的培训方法就是让学员参与，注重证明强化，及时表扬，从而让学员产生学习成就感，降低挫折感，提高勇气。

4. 培训方式多样化

建议多采用问题引导法、案例教学法、讨论法、演练法以及自学指导法等方法进行培训，从而激发学员的学习积极性和主动性，培养学员分析问题、解决问题的能力，增加解决问题的技巧和方法。同时，通过音乐、视频、PPT 色彩和动画，再加上培训师丰富的表情、身体语言和语调，不断重复学习内容，强化记忆。

文章链接：

培训师要懂得调味

受咨询公司邀请，笔者给西部某烟草企业营销人员作培训。一个企业能够组织 30 多号人到厦门做专题培训，从各方面来讲，都需要花费大量的人力、物力、财力。

培训课后，吃中午饭期间，大家对培训组织部门所上的饭菜有另外一种看法。

在来的头两天，学员对这里的饮食很不习惯。毕竟，家乡口味偏辣，而且很少吃海鲜。而到了厦门，主要菜食就是海鲜。部分学员连连叫苦。笔者给这些学员上课时已经是他们到厦门的第五天了。那天中午吃饭，有一个女学员宁可不来，而是到宿舍自己泡方便面吃。为了迎合这些学员的饮食习惯，会议组织者专门交代食堂厨师，菜

一定要偏辣一点，口味浓一点。然而，那里的厨师很努力地添味加辣，但学员对菜的口味评价总体还是不满意，总觉得味道有点不太对。有些学员比较有经验，专门从老家带调味品过来。

这不得不让笔者反思一个问题，其实，作为培训师，与厨师有区别吗？

厨师炒菜，炒出不同的风味。这个风味根据地域特点，形成各个流派。对于企业培训师而言，所提供的培训产品，在分享过程中，是否也明显带有自身特点。有时会发现，自己提供的产品在一些地方一定层面的群体中很受欢迎，但到另外一个地方一定层面的人很不受欢迎。比如，福建人吃福建厨师炒出来的菜很正宗，可炒给云、贵、川的人吃，就觉得很不受欢迎，原因是不同地域的人饮食习惯不一样。那么，作为厨师，难道会责怪客户饮食太挑剔吗？

很显然，这是不允许的。那么，真正的好厨师，他应该能够迎合不同地域的人的口味，但非全部。毕竟，一个好的厨师，不可能作出满足不同地域口味的菜来。如果能够作出，那也是不地道的、不正宗的。

同样，一位职业培训师，面对不同地域、不同层次、不同群体的学员，你所提供的培训产品是否能够根据学员情况进行调整，尽量满足不同群体的需要呢？很遗憾，有些培训师自己讲自己的，根本没有根据学员的实际反映情况对培训产品作相应调整，结果学员很不满意。原因觉得很不实际，没有用处。比如，有培训老师说，为什么给企业中层干部授课的内容再给基层营销人员讲，对课程满意程度会截然不同，中层管理人员满意度高，而一线营销人员的满意度却很低。

其实，这能怪学员吗？学员的层次变了，你的授课内容却没有改变，自然评价结果就不同。当你对中层人员授课时，这些人员可能更喜欢一些理念性的知识。而对基层营销人员，更喜欢能够获得实际技能技巧。二者对培训产品的口味需求是截然不同的。

那么，怎样才能让培训产品符合学员口味呢？

首先，自己一定要专业。培训老师一定要对自己所从事的职业很专业。比如，作为培训师，授课基本技巧和方法一定要掌握。

其次，对所授课程的专业要内行。打铁匠去做木匠活，很显然不合适。如果是营销类培训师，对营销类的理论知识一定要掌握，成为专家，那么，才会对所授课听众掌控自如。

第三，对所授课内容安排一定要专业。由于人的学习具有一定周期性。比如，上午和下午的学习状态是完全不同的。这个时候，需要根据学员状态进行安排内容，上午可以多讲理论性的，学员接受状态要好一点；下午多安排实践操作类，让学员参与，互动性强一点。这样，通过理论与实践相结合，做到张弛有度，学员对所授知识接受度就会好一点。

第四，对学员了解一定要专业。不同层次的学员需求是不一样的，对于第一次接触的学员满意度较高。但随着学员知识面增加，接受培训的广度和深度就要求越来越高。此时，作为培训师，自己一定要成长，不断接受新知识，不断挖掘企业内部新问题，从实践到理论，再从理论到实践，在不断升华中才能让学员有更多更大的收获。

作为企业培训师，只有让自己专业，才能真正满足“众口难调”的学员的需求。

（姚日来 / 文）

第三章 让自己从不会说到能说

本章主要概述了让自己开口说话为什么这么难、大脑心智模式、有话可说思维路线图训练、如何让自己会说、如何让自己能说。通过本章学习，让自己具备了职业培训师的基本能力，迈向能说会道的第一步。

很多人希望自己成为培训师，这是很好的想法。问题是一旦让自己在台上授课，就有问题了。一开始的时候，有机会讲三分钟，最后一分钟不到，就无话可讲了。同时，很多人开会的时候能说会道，在私下闲聊时能言善辩，可真正到课堂上授课时，却毫无章法，效果欠佳。毕竟，上课不是讲话，更不是训话，学员不是下属，希望渴求的东西是不一样的，所接受的方式也是不一样的。此时，需要学会如何会说，让自己能说，成为一位职业培训师。

一分钟演练

这是你成为职业培训师的第一次演练，虽然只有一分钟，但已经开启你迈向培训师的第一步，也是十分关键的一步。请用摄影机拍摄下这激动人心的一分钟。

你演讲的题目就是：你心目中的培训师是：

请慎重写下你心目中的培训师，或者希望自己是培训师之后将成为什么样子。

在演练时，请朋友观战，并把时间定好，在50秒时，务必请人帮忙提醒一下。

好了，你准备好了吗？

如果相信自己已经准备好了，请开始你第一次演练，请注意，有摄影机全程记录。

面对镜头，你可能有点紧张，在开始的时候，头脑一片空白，不知说什么。身体不自觉晃动，手不知道放哪里，声音有点颤抖。

一分钟怎么这么漫长，自己已经口干舌燥了，大家的眼神与平时很不一样。

终于结束了，你会迫不及待地看自己的影像。也许以前都是看别人在演讲，听别人在授课，此时，你开始看自己的影像，看自己讲课的样子。也许你觉得自己是那么的陌生，那么的不可思议，但记住，这就是镜头中的自己。声音变了，动作那么的别扭，面红耳赤、坐立不安、尴尬不堪、搓手跺脚、词不达意、张口结舌，说话内容那么的不顺畅。你会不会觉得这不是自己？好像不认识自己了？可事实上这就是自己，这是很多培训师的“第一次”，终生难忘的“第一次”。

请根据评价表，给自己打个分，也希望观战的朋友也给你打分。

表 3–1　试讲人评价

试讲人：　　　　　　试讲主题：　　　　　　评价时间：　　年　　月

内　容	序　号	评价要素	评价内容	标准分	等　级			得　分
					A　级 1 ～ 0.9	B　级 0.8～0.7	C　级 0.6 ～ 0.5	
试讲人 综合表现	01	目光接触	评价内容见附表	30				
	02	肢体动作		30				
	03	面部表情		20				
	04	声　调		20				
综合得分				100				
改进建议	表达内容							
	表现							

表 3–2　试讲人综合表现评价内容

序　号	评价要素	评价内容	等　级
1	目光接触	持续不断地与学员进行目光接触，经由目光了解并留意学员的课堂反应	A
		注视学员，并利用目光给予肯定或回馈	B
		很少注视学员	C
2	肢体动作	有效的肢体动作，表现热忱；步调步距有变化；产生互动	A
		轻松自然地移动	B
		很少离开原位	C
3	面部表情	充满活力和生气；借助表情表达情绪的变化及强调了主题内容	A
		愉快、舒适；偶尔有微笑；适当地借助表情来反映主题和情绪上的变化	B
		面无表情；几乎没有什么情绪反映，时常皱眉，没有微笑	C
4	声　调	有效地运用声音改变情绪；加强感情的效果；音质清晰且抑扬顿挫	A
		自然地改变速度、音调和音量；发音清楚	B
		声音单调，很少抑扬顿挫和改变速度；发音不清楚；习惯在停顿时发出无意义的声音	C

此时，最好有旁观者，尤其在你周围较为知名的职业培训师的点评十分关键，因为，他们能从专业角度来分析。对于初学者而言，需谦虚谨慎地接受，这是职业培训师必须具备的素养。很多时候，一开始就养成好习惯，将受益终生。笔者记得，当自己还是一名培训助理的时候，清华大学的一名知名教授就曾提议：“以后若能成为培训师，要坚持站着授课，养成好习惯。”正是他的教导，让笔者铭刻在心，并长期坚持。

经过一分钟视频演讲，你发现自己很专业吗？有哪些缺点？演讲时是否有以下行为：

身体是否不断晃动？
手是否有很多小动作？不知道自己该放什么地方？
是否有很多口头禅？比如，然后、那么、嗯等。
是否声音发抖？
是否眼神木讷，或者不敢看人？
是否侧着一面说话？
是否给人感觉很不舒服的样子？比如，着装、动作夸张、姿态不协调等。

假如你没有三项以上上述现象，你已经具备相当的培训师素质了。
记住：发现自己的不足，是职业培训师成长的关键！

口头禅葬送政治前途

希拉里当上美国国务卿，纽约州的参议员职位空缺。作为作家、律师的卡罗琳·肯尼迪有意替补这个职位，参加州议员竞选。一次，在一个40分钟的电视采访中，她竟然说了200多个"you know"，平均一分钟有五个，成为笑柄。结果，卡罗琳·肯尼迪自然就替补不了希拉里，也就当不了纽约州的参议员。

◇ 思考：当你读完卡罗琳·肯尼迪的故事，你有何感想？

____

____

____

* 让自己开口说话为什么这么难

万事开头难！祝贺你已经迈出了第一步！虽然不是那么的理想，可记住，每位优秀的职业培训师都是从这样开始的。天生是演讲家的毕竟是少数，但绝大部分的优秀培训师都是从不会讲到会讲，从会讲到能讲，从能讲到演讲这样一步步历练出来的。因此，当发现镜头中的自己总是那么的奇怪，总有很不舒服的地方，需要改进之处，那么，你已经在进步了。毕竟，你在反思、总结、成长了。

那么，我们不得不要反思，为什么会如此难以开口呢？

在2008年美国总统选举中，首位美国黑人总统奥巴马精彩的演讲，好莱坞式的风采，令新时代美国公民如痴如醉，也令多少充满梦想的中国年轻人崇拜。的确如此，奥巴马太有魅力了。那自己怎样才能拥有奥巴马式的风采呢？其实，很多人都有潜力，关键是有没有找到适合自己潜力的方法和途径，并持之以恒地加以强化。

再回到刚才一分钟演讲，题目是《你心目中的培训师是什么？》这是开放式问题，可以展开的话题很多，可你就是讲不出来。原因有几个方面：

就事论事

这是很多人无法开口的内在原因。刚才是否就培训师谈培训师，你是否在一分钟之内说了十几次培训师？如果是这样，其实你已经无法展开话题了，所说内容太聚焦了。尤其做技术的人，喜欢就技术说技术，就方法说方法，并没有适当的拓展。

知识的匮乏

有的人根本就不知道培训师到底是怎么回事，以前没有听说过。自然，忽然让其发表就显得困难了。很少学习，也没有实践经验，使得知识有限，人生阅历有限，也就无话可说。

有人说，时间能够积累智慧。可有人反驳说，一万年的石头，永远还是石头。没有积累，没有成长，现在是这个样子，未来还是这个样子。

根本就没有思考过

精彩的培训课程，绝伦的演讲，都是经过精心准备的。以前想都没有想过的问题，能够在短时间内回答好是很难的。作为一名培训师，一定要多思考、多准备、多写，也许课堂上学员一个突兀的问题，你却能深入浅出地分析并回答，会让学员刮目相看，此时，你在学生中的威信和地位自然就建立起来了。达到烂熟于胸，出口成章，需要长期积累。当然，并不能要求每个问题都得精彩回答，毕竟学海无涯，学无止境。

* 大脑心智模式

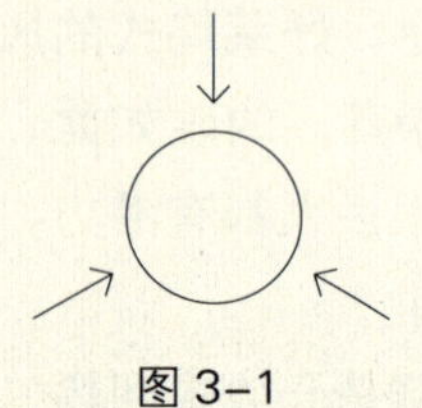

图 3–1
聚集式思维模式

无话可说的思维模式

从不同角度分类，思维模式有很多类型，其中有集中思维和发散思维两种。很多人经常无话可说，无内容表达，除了性格内向外，根本原因是采取了集中思维模式，就事论事，就点说点，集中一个点、一个角度看问题。比如，一分钟演讲，就培训师说培训师，集中这个词汇，思维模式单一，思考主题的点太少，无法扩展。这自然就变得没有内容可说了。

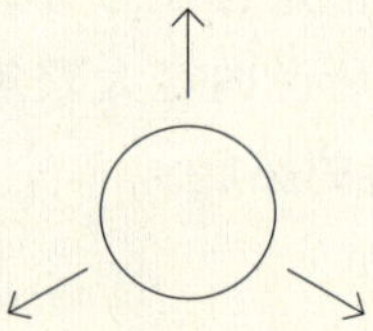

图 3–2
发散式思维模式

有话可说的思维模式

为了能够让自己有话可说，就需要发散思维，采取“头脑风暴法”，从同一个来源产生各式各样、为数众多的输出，即从不同角度、不拘一格朝着多种方向思考问题的方法、途径和解决措施。发散思维是激发灵感，产生创造的源泉，更是培训师展开话题，启发学员的有效方式。发散思维可以通过思维导图形式展现。

* 有话可说思维路线图训练

第一步 准备

拿出白纸一张（A4）、彩色水笔和铅笔，当然还有你的大脑和想象了。

第二步 在纸中心圈写下你最想写的两个字词汇

把这张纸横放过来，这样宽度比较大一些。从白纸的中心开始画一个圈，周围要留出空白。

在圈内写下你要表达的话题，比如一种动物，即“兔子”。然后，从这个中心开始，所表达的主题内容是“兔子”，并让你大脑的思维能够向任意方向发散出去，以自然的方式表达自己。

第三步 以中心圆延伸画线（首次三根线）

从“兔子”图形中心开始，画一些向四周放射出来的粗线条，最好是曲线，大脑喜欢带颜色的曲线。每一条线都使用不同的颜色。这些分支代表你关于“兔子”的主要想法。在绘制思维导图的时候，你可以添加无数根线，但是，因为我们现在只是在做练习，所以我们把分支数量限制在五根以内，现在是三根。

在每一个分支上，用大号的字清楚地标上关键词，字数尽量简练。这样，当你想到“兔子”这个概念时，这些关键词立刻就会从大脑里跳出来。

就像你看到的一样，此时此刻，你的思维导图基本上是由线和词汇组成的。那我们怎样才能改进它，充分挖掘这些词汇呢?

第四步 每个线上再画三个圆，并填上相应词汇，依次展开

现在，让我们用联想来扩展这幅思维导图。回到你绘制的思维导图上，看看你在每一个主要分支上所写的关键词。这些词是不是让你想到了更多的词。例如，假如你写下了“寓言”这个词，你会想到龟兔赛跑、守株待兔、兔死狗烹等。

根据你联想到的事物，从每一个关键词上发散出更多的分支。分支的数量取决于你所想到的事物的数量，可能有无数个。但是，在这个练习当中，请画出三个分支。

然后完成与第一阶段相同的工作：在这些填充的线上清楚地写下每个关键词。用上一级关键词来触发灵感。别忘了在这些分支上再次使用颜色和图形。

你现在已完成了你的第一幅基本思维导图。你会注意到，即便是在开始阶段，你的思维导图里也已经填满了符号、代码、线条、词汇、颜色和图像，这些都能使你的大脑更高效、更愉快地工作。

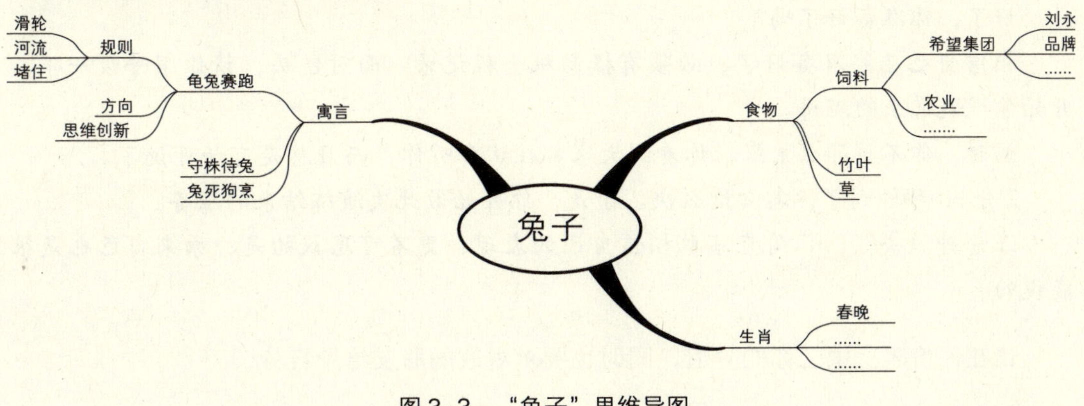

图 3–3　“兔子”思维导图

那么，你要想自己的思维能够很快地组合，找出话题，请把分枝连接起来，你会很容易地理解和联想更多的东西，更主要的是，你会找到很多要想说的话题。这就像一棵茁壮生长的大树，树杈从主干生出，向四面八方发散，你也许会天马行空地找到所要说的话题，更主要的是，你能找到你想要表达话题的主线。就像风筝一样，飞得很高、很远，但始终围绕一条主线。就比如，说到兔子的话题，你可以说到历史人物，可以谈创业，可以说春晚等，虽然说了很多，谈的很远，当你需要掉头回来时，可以再沿着主干找回。这样让听众感觉没有偏离主题，所谓“形散神不散”就是这个道理。

当你拥有发散思维的时候，你不妨牛刀小试，可以大胆地放开自己的喉舌，讲出自己的独到见解。好了，你可以准备三分钟演练了。这是一个突破，也是一个跨越，如果你能明白你为什么无话可说的根本原因是太过于集中，太过于就事论事，那么，你已经找到问题的解决方式了。

三分钟演练

按照思维路线图，先准备好所有必须具备的东西。

写下自己最感兴趣的话题，最好是两个字。

好了，按照思维路线图画出自己想要表达的内容。然后在你的脑海中形成路线图，记住，一定要在脑海中形成，除非到不得已的时候再看一眼，尽可能少看，养成一个好的习惯。

同样，在演练时，请朋友观战，并把时间定好，到 2 分 30 秒钟的时候，将予以提示。务必请人帮助提醒一下。

好了，你准备好了吗?

相信自己已经准备好了，必须有摄影机全程记录。面对镜头，请你深呼吸一下，开始你娓娓道来的演讲。

此时，你不再那么紧张，你看到大家都在认真听你，而且总是有话可说了。

2 分 30 秒钟到了，怎么这么快。于是，你开始做此次演练结束的准备。

三分钟过去了，你简直不敢相信自己的表现，更不可思议的是，原来自己也是很能说的。

请在评价表上填上你的分值，同时也要求观战的朋友给予打分。

◇ 通过比较，把一分钟演练与三分钟演练心得记下：

* 如何让自己会说——“习”

熟能生巧的道理告诉我们，做任何事情，都需要训练。只有不断训练，才能让自己的很多培训技能得到提升，而且很多方法与技巧自然会应用自如。一名培训师，假如没有上过一定量的课时和课程，是无法让自己成为一名真正的优秀培训师。假如自己上过的课时超过150课时，差不多20天的课，那么，你的授课技巧将会自然而然形成自己特色的东西，能够自如掌控不同的课堂场面。当然，这只是基础，要达到控制自如，融会贯通，还需要上不同的课程。假如只上一门课，不断重复上150课时，自己也是很难达到真正职业培训师水平。毕竟，上课不是讲大道理，尤其对成年人授课，大道理日常已经听了很多，读了很多，此时，再在课堂上讲空话、套话、废话，就会让人觉得无稽之谈。但是，世界上大道理都是相通的，当你领会其中道理，再结合各种各样的知识，自然就会通过课程内容与实际相结合。

镜子面前

当自己一个人，正准备好一门课程，或者想更好地表达自己的观点时，那么，不妨站在镜子面前，看着自己说。当然，第一次面对镜子看自己表达，会觉得特别别扭。不过，这种方式是最简单、最有效的方式。人最难的不是面对现实，而是面对自己。假如敢于面对自己，还能自然表达自己的想法，说明你已经具备相当境界了。

朋友面前

对于你那些志同道合的朋友谈一些你专业上的知识，分享你的人生感悟。此时，你可以天马行空地高谈阔论，朋友不会介意的。当然，你会深入浅出地分析，别人会对你刮目相看。更主要的是能够有机会让你得到朋友的推荐，成功登上讲台。

发表观点

在职场，要学会发表观点。没有自己观点的人，很难会得到更多人的赏识。因此，要学会在不同的场合表达自己，用发言来证明自己的存在，更主要的是，营销自己的观点，从而影响他人，这是培训师基本生存技能之一。

试讲机会

假如有培训师培训机会，你一定要参加。或者有机会成为知名培训师的助教，争取有机会登台授课，至少能获取上台表现的机会。毕竟，要成为职业培训师，没有上过几十次课程是很难达到较高授课水平的。

到大学授课

可以到大学授课，强化自己的理论基础，更为关键的是，一定要备不同的课程，成为自己的知识体系，让书本或者别人的知识转化为自己的知识。同时，加强锻炼自己的授课技巧，有意识地提高控场能力，从而让自己授课更具魅力。

举办个人沙龙或者讲座

也就是说，举办一些个人擅长的领域专题讲座等。笔者专门与当地的新华书店联系，举办个人专题讲座，逼迫自己学习，提高授课水平。这是强化自己专业能力的方法，同时将自己的专业特长让业内人士认识，最后得到认可。

方法很多，关键是自己如何看待。举办一次讲座，重新准备一门课程，需要花费大量的时间和精力，需要牺牲很多旅游和休闲的机会。记住，台上风光，台下辛酸。正所谓，台上一分钟，台下十年功，道理就在此了。当你备上三五门课，每门课能讲上三五天，有机会各讲三五次，坚持三五年，你自然就成为职业培训师了。此时你应该明白，不要整天盯住那一点点讲课费，不要太计较个人得失，你的目的是训练自己，提升自己的授课水平，成为真正的职业培训师。到那时，不是你羡慕别人，而是你令人羡慕了。

不信，从现在开始，坚持去做，三五年之后，你就是不一样的你了。

★ 如何让自己能说

为什么有些培训师总是能朗朗上口，总有讲不完的话，道不完的理，除了有丰富的阅历、丰厚的积淀外，还需要一些技巧和方法。

培训师要善于归纳总结，会从海量信息中提取有用信息，从而让学员在短时间内学习到，而且能够理解，容易记忆，方显示出培训水平。否则，照本宣科，罗列很多东西，学员容易混淆，不容易理解，自然，学员感觉老师讲了很多，就是不知道该记什么，更不知道该记住什么。一般而言，当学员听完一位好的老师授课结束的时候，学员一般不仅学到知识，而且很有感触，还会记住一些经典语录，比如一些方法：对仗式总结、体系式归纳、形象比喻、生动故事等。

比如，笔者在一次员工职业发展通道题库开发终审会上的讲话，很多人听完之后，就记住了现代维修技术人员应该具备“下得了机台，上得了讲（奖）台”的能力。

各位专家：

大家下午好。作为职业人士，尤其在生产一线的专业技术人士，面对现场生产设备的故障问题层出不穷，技术更新日新月异，同时，时代在发展，具有高学历高层次的人才进入企业，如何在竞争日益激烈的职场里有自己立足之地呢?

专业技术人士就需要做到“下得了机台，上得了讲（奖）台”。

1. 下得了机台

技术人员，最基本的岗位职责就是解决日常技术故障，成为业务高手、技术专家，也就是说，修理机器是一流的，面对各类技术难题都能迎刃而解。因此，需要研究设备原理、跟踪设备运行、处理各类技术难题，从而让人刮目相看，自然赢得他人尊重。

可是，社会在进步，人们对人才的看法也不尽相同，企业还需要持续发展，年轻员工希望自己能够跟上企业发展，那么，对人才的要求越来越高。自己除了技术强，水平高外，还需要靠什么体现，从而让人信服呢?

2. 上得了讲台

如果仅仅提着工具箱，把生产技术难题解决了，笔者认为，这只能赢得尊重。但是，还达不到赢得别人尊敬的程度。

尊重与尊敬只有一字区别，但需要我们付出很多，就需要我们懂得分享。怎么分享，那就是上课，师带徒。如果能够站在课堂上，与大家分享知识、分享经验，而且每一次分享，都能给大家带有很多收获，这样的技术专家才能赢得尊敬。

3. 还需要上得了奖台

什么意思呢？现在集团有一种怪现象，很多专业在全国技能比赛中，经常是一败涂地。在省内比赛还可以，在国内一遛就没有脾气。标志性企业，没有标志性人才，不能在全国大赛中脱颖而出，是很难有说服力的。就像我们集团品牌发展不突出，不是中国第一，世界第二，你再说自己水平有多高，管理有多先进，也是很苍白的。

如果二级、三级聘任专业技术人员能够在全国各类技能擂台比赛中取得好成绩，不仅给个人增光，也给集团增光，也能为员工职业发展通道建设深入推进起到很好推动作用。希望大家能够把握机会。可以负责任地说，为鼓励大家在全国技能比赛中取得好成绩，只要是获得全国职业技能技术能手，破格晋升。

要想在集团成为一级维修师、首席维修师，就需要做到“下得了机台，上得了讲（奖）台”。笔者相信，凭借大家的努力和实力，一定能够达到，也一定能够做到！

除了对仗式语言容易记住外，还需要学会从海量信息中提炼，能够有让学员记录下来的东西，想记录下来的知识点。同时，如果培训师通过提炼的东西，加以理解，记住之后，再进行讲解，就能做到深入浅出，娓娓道来。当然，需要花费一定的时间和精力去记住那些相对枯燥的知识。可笔者认为，这是十分必要，也是值得的。此时，容易让你在学员中树立很好的形象，更主要的是学员从中能够感受到自己学到了知识。

以下是笔者对 21 世纪以来中国烟草改革政策概况材料所做的总结：

21 世纪头十年，是烟草行业改革发展至关重要的时期。面对严峻复杂的内外环境，烟草行业坚持以邓小平理论和“三个代表”重要思想为指导，深入贯彻落实科学发展观，认真贯彻党中央、国务院的一系列决策部署，努力把握行业发展规律，明确提出“做精做强主业、保持平稳发展”的基本方针，坚持把发展建立在可靠的市场基础和扎实的工作基础之上，提升中国烟草整体竞争实力；在坚持完善烟草专卖体制前提下，以实施省级烟草机构工商管理体制分开为突破口，深入推进市场取向改革，构建适度竞争的体制机制和全国统一大市场；紧紧围绕“深化改革、推动重组、走向联合、共同发展”的主要任务，大力推进卷烟工业企业组织结构战略性调整，培育一批具有较强竞争力的大企业、大品牌；积极促进信息化与烟草生产经营管理相融合，扎实推进传统烟叶生产向现代烟草农业、传统商业向现代流通、传统工业企业向现代公司转变，提高行业现代化水平；坚持把“严格规范”作为保持行业持续健康发展的生命线，认真解决专卖体制下“提高效率”、“注重自律”两个课题，切实加强专卖管理监督，始终保持打假高压态势，不断提高卷烟市场净化率，营造良好的生产经营秩序；高度重视社会主义核心价值体系建设，牢固树立“国家利益至上、消费者利益至上”的行业共同价值观，努力构建责任烟草、诚信烟草、和谐烟草。

这是笔者在讲授到这部分内容的时候，把政策归纳总结如下：

一个基本方针：“做精做强主业、保持平稳发展”；

一个突破口：实施省级烟草机构工商管理体制分开；

四项主要任务：“深化改革、推动重组、走向联合、共同发展”；

三大战略：大市场、大企业、大品牌；

三个转变：传统烟叶生产向现代烟草农业转变、传统商业向现代流通转变、传统工业企业向现代公司转变；

一条生命线：“严格规范”；

两大课题：“提高效率”、“注重自律”；

一个共同价值观：“国家利益至上、消费者利益至上”；

一个行业愿景：责任烟草、诚信烟草、和谐烟草。

归纳，是需要丰富的人生阅历，更关键在于善于总结。在日常工作生活中，很多事情，虽然经常接触，每天可能都在重复做，也在重复听，就是没有进行有效归纳，甚至想都没有想过，那么，一经培训师的精辟归纳，顿时会豁然开朗，效果会出奇的好。在网络上，看到有人把领导讲话的一些精髓特点进行高度归纳，很有创意。具体是这么说的，领导讲话最关键的两个字就是：“性感！”性：必要性、重要性、长期性、艰巨性、复杂性；感：使命感、责任感、危机感、紧迫感、荣誉感。

通过自己的提炼、归纳，能够让学员对内容有一个总体的把握，而且让学员在自己的笔记本上记下关键内容。

小技巧：

如果你感觉学员在记录所讲述内容，此时，请放慢授课节奏，不断重复关键字段和内容，以便学员更好地理解和记下。

检视自己：

第四章
职业形象（上）

本章主要概述了培训师个人形象、课前个人形象自检、站姿、走姿。通过本章学习，掌握培训师形象的重要性，在培训过程中应注意的事项，并且了解站姿、走姿技巧和训练方法。

* 个人形象

人靠衣装，马靠鞍装。不管你喜欢不喜欢，人往往喜欢以貌取人！作为培训师，注重仪表形象十分关键，尤其作为职业培训师，站在讲台上，成为培训的中心，你的个人着装、言谈举止，都展露在学生面前，此时，更应注意个人形象。

小测试

你认为你的培训课程是从什么时候开始的？请你在你所选择的前面画“√”。

□当你走出房间时

□当你进入教室时

□当你站在讲台上时

□当你开始授课时

你的选择是什么？恰当的选择是：当你走出房间时。

你是这个选择吗？笔者以为，当走出房间的时候，课程已经开始了。也就是说，当自己展露在公众场合，你可能会遇到会议组织者或者你正要授课的学生。此时，你的每一个举止，都可能在学生心目中树立形象。

* 着装基本技巧

服装由不同颜色组成，不同颜色所代表的意义不一样，不同颜色的服装穿在不同的人身上也会产生不同的效果。

“三色”原则

在培训课堂上，培训师服装一般遵守“三色”要求。所谓“三色”，是指全身上下的衣着应当保持在三种色彩之内，不要给人以杂乱无章、华而不实的感觉。

“三一”原则

男培训师还应当遵守“三一”原则。所谓“三一”，主要强调色彩搭配技巧，即鞋子、腰带和电脑包色彩相同或相近，保持较为一致。

“四协调”原则

培训师着装应与自己的年龄、身材、肤色和地点相协调。

1．与年龄相协调

不同年龄的人在穿着打扮上应各有特点。年轻培训师朝气蓬勃、风华正茂，服装颜色应力求明快，可以相对鲜艳。年纪较大要显得成熟稳重、和蔼可亲，在穿着上应显得庄重大方，一般来讲，要选择颜色较重、对比不是很强烈的颜色。

2．与身材相协调

不同身材的人，在穿着打扮上也应各有特点。身材矮胖的，不要穿色彩对比强烈的上下装及横条纹或大方格衣服，而应采用单色、明度对比不大的调和色。瘦长苗条的，宜穿相对明亮的暖色，可使人显得丰满。身材高大的女培训师，要以一个基本色调为主，加以适当的色彩点缀，不宜穿竖条纹的衣服。

3．与肤色相协调

肤色较深的人，要穿浅色的服装，使肤色和服装的色调和谐，获得相对好的色彩效果；肤色较白的人，只要是自己喜欢的衣服，无论什么色彩都会将你衬托得更加白皙靓丽。

4．与地点相协调

培训地点不同，穿着的规矩也就不同，当在室内培训时，通常是同色系的职业装上课。当你的培训场地在是室外时，你可以选择穿休闲装。休闲装也要“休闲”得专业得体，不可以穿短裤、拖鞋。

⋆ 常用服装搭配

西装是男培训师课堂常用服装，无论是国内的培训师还是国外的培训师都会选择西装作为自己室内培训的正式服装。深圳市企业联合会咨询业分会理事长杨思卓提出，常用西装领带的配色具有以下规律：

表 4–1 西装与领带颜色搭配

组 合	西装颜色	感 觉	领带颜色
1	黑色西装	庄重大方，沉着素静	银灰色、蓝色调、黑红条纹对比色调
2	中灰色西装	格调高雅，端庄稳健	砖红色、绿色及黄色调，或是同色系小花纹

续 表

组合	西装颜色	感觉	领带颜色
3	暗蓝色西装	格外精神	蓝色、深玫瑰色、褐色、橙黄色
4	藏青色西装	沉稳大方	青蓝色带有条纹的

无论是男培训师还是女培训师，服装搭配最重要的原则是：协调是美。

特别提醒：

领带的长度以到皮带扣处为宜，过长过短都是不合适的。

领带的颜色要比衬衣颜色深，但也不能使用太过于刺眼的颜色。

* 课前个人形象自检

作为一名职业培训师，当你走进课堂前，最重要的事就是仪表自检。自检的基本顺序是：从头到脚，关注细节。

表 4-2　男培训师自我形象检视表

项目	形象确认重点	达到效果
头发	a. 正常洗剪了吗？有无明显头屑？ b. 头发长短合适吗？正常要两星期修剪一次头发。	头发不宜过长，并保持清洁、整齐，切忌不要太新潮
面部	a. 脸是否清洁、健康之感吗？有无光泽感？ b. 上课前洗漱了吗？ c. 胡子每天都刮了吗？	每天刮胡须，饭后洁牙，保持口腔卫生，无异味
衣服	a. 穿着是否适合授课环境吗？ b. 着装端正，肩上无脏物吗？ c. 穿新衣服时，精心整理吗？	应平整、清洁；徽章应别在西装左领上方
衬衫	a. 不脏吗？平整挺括，无污垢、斑点吗？ b. 是否平展？纽扣齐全吗？	应着白色或单色衬衫，保持衬衫干净整洁，领口、袖口无污迹
裤子	a. 无污垢、斑点、平整挺括吗？ b. 裤子的拉链、纽扣结实吗？	要平整，有裤线
衣袋	a. 衣内放有东西吗？ b. 袋内有无棉尘、脏物？	口袋最好不放物品
手	a. 指甲认真修剪了吗？ b. 手指甲洁净吗？	指甲不应过长
袜	a. 脚上的袜子干净吗？每天换洗吗？ b. 袜子的颜色和服装协调吗？	穿深色袜子

续　表

项　目	形象确认重点	达到效果
鞋	a. 上油擦亮了吗？鞋后跟磨损变形了吗？ b. 鞋子的颜色和服装协调吗？	皮鞋应光亮
公事包	a. 擦洗得干净吗？形状保持未变吗？ b. 名片装好了吗？教学备品带全了吗？	保持干净、洁亮，不要遗忘关键教学备品。

表 4–3　女培训师自我形象检视表

项　目	形象确认重点	达到效果
头　发	a. 常洗常剪吗？头上饰物会哗众取宠吗？ b. 长短合适吗？额前头发遮盖眼睛吗？发型有无妨碍工作？	发型不宜太新潮，应文雅、庄重，梳理整齐，长发要用发夹夹好
衣　服	a. 无破损吗？适合工作环境吗？ b. 常洗常熨吗？肩上无头屑吗？	正规服装，大方、得体，不宜穿着太休闲的服饰
化　妆	a. 脸上清洁、健康吗？面部保养了吗？ b. 口红、眼影浓淡适合吗？口红颜色相宜吗？	淡妆、清爽、精神，慎用浓香型的化妆品
裙　子	a. 无污物吗？ b. 未绽线散开吗？长度适宜吗？	裙子长度要适宜
装饰品	a. 不累赘碍事、引人注目吗？ b. 用造型奇特或显孩子气手表吗？	不能佩戴太大、太耀眼的首饰
手	a. 指甲认真修剪了吗？手及指甲粗糙吗？ b. 手指甲太长吗？指甲油过浓或出现脱落吗？	指甲不宜过长，并保持清洁
长筒袜	a. 颜色适当否？ b. 绽线否？	不能太鲜艳，不能出现三节现象
鞋	a. 上油擦亮了吗？鞋后跟磨损变形了吗？ b. 鞋与衣服的颜色、款式协调、适合吗？	鞋子光亮、清洁

自检八问

在走进教室前，还要做到自检八问：

□头发平整吗？

□脸上干净吗？

□眼镜光亮吗？

□前牙缝洁净吗？

□衣服整洁吗？

□扣子、拉链拉好了吗？

□面带微笑吗？

□情绪饱满吗？

当这八问的回答都是“yes”，你就可以满怀信心地走进课堂了。

自检三不原则

不可在他人面前毫无顾忌地进行“某些”自我形象的维护、修饰动作，特别是面对学员时，不做不雅动作，应避开他人耳目到“幕后”进行，比如卫生间、休息室等。一般遵守三不原则：

一是不在他人面前整理衣服；

二是不在他人面前化妆打扮；

三是不在他人面前做“拾掇”自己的小动作（比如挤脸上小豆豆、抠鼻子等）。

* 站　姿

心理学家通过对非言语交流的研究，提出了令人刮目相看的结论，发现在传递信息的形式中：语言信号占7%，语调信号占38%，肢体信号占55%。非言语交流之所以有如此巨大的魅力，主要是由非言语自身的特点决定的。因此，培训师应加强自身肢体语言的修炼。

站是培训师的基本功。培训师应该坐有坐相，站有站相。没有特殊原因，培训师不应当坐着，尤其是年轻的培训师更应学会站、学好站。正确的站姿给人以挺拔笔直、舒展俊美、精力充沛、积极进取、充满自信的感觉，是一种职业素养，是职业培训师的起点。

基本站姿要求

站立要自然、轻松，不仅让学员看得舒服，自己也要感觉舒服。当然，良好的职业形象，需要长期训练、规范之后，养成一种好习惯。美国著名作家威廉·丹福思说：“我相信一个站立很直的人的思想也同样是正直的。”

表 4-4　站姿各部位规范要求

项　目	规范要求
头　正	抬头，两眼平视前方，嘴微闭，收颌直颈，表情自然，稍带微笑
肩　平	两肩平正，微微放松，稍向后下沉
臂　垂	两肩平整，两臂自然下垂 女士可前搭手，男士一般两手置于体侧，中指对准裤缝
胸　挺	胸部挺起，使背部平整
腹　收	腹部往里收，不能随意凸起，腰部正直，臀部向内、向上收紧
腿　直	两腿立直，自然放松
脚　尖	脚尖开度 45° ～ 60°

男士的基本站姿要求：

身体立直，挺胸抬头、下颌微收、双目平视、两膝并严，脚跟靠紧，脚掌分开呈“V”字形，挺髋立腰。在开课之前，正常姿态是吸腹收臀，双手置于身体两侧自然下垂，或者两腿分开，两脚平行，不能超过肩宽，双手在身后交叉，右手搭在左手上，贴在臀部。

注意要点：站立时，背手有时会给人盛气凌人的感觉，在正式场合或者有领导和长辈在场时要慎用。

图 4-1　男标准站姿

图 4-2　男站姿

女士基本站姿要求：

图 4-3　女标准站姿

身体立直，挺胸收腹；双手自然下垂，也可相叠或相握放在腹前，两膝并严，两脚并拢，也可以脚跟并拢，脚尖微微张开，两脚尖之间大致相距10厘米，其张角约为45°，形成“V”字形，或者两脚一前一后，前脚脚跟紧靠后脚内侧足弓，形成“丁”字形。

站姿注意事项

登台站姿：

登上讲台时要面对学员，表明准备充足、有信心上好课，有能力控制整个局面。

有的培训师登上讲台时，有几种错误的站势：

侧身而站；

面向黑板而站；

站时重心移动太快。

心理学研究表明，侧身而站和面向黑板而站说明教师的心理是封闭的，不利于教师阐述教学内容，而且给学生留下没有教养的感受。站时重心忽左忽右，被视为信心不足、情绪焦虑。

站立时应注意事项：

培训师讲课的站立位置，常常因人、因实际场地而异。从提高授课效率来看，应站在教室的前中央，适当移动或在学员中间穿梭，要顾及所有学员。但也不能过于频繁，影响学员注意力。

讲解课程时，可侧身，但注意幅度不可过大。

点评时，要面对学员，身体自然垂直站立，配合肢体语言进行讲解，或利用双手扶在讲台前讲解，但要根据自身高度找到合适姿态。

答疑时身体可前倾，表示在认真倾听。

培训师要注意不管任何情况下表示异议时，都要严格控制你的脑袋和眼神，不要轻易触及敏感和争议地带。

容易犯的错误站姿

在学生回答问题时，身体微微前倾，面带微笑，认真倾听。容易出现以下错误的站势：

自己看书，背对学生，给学生一种不礼貌的感觉，学生也不能从老师的表情中判断自己的回答是否正确，需不需要往下说。

两手放在裤袋里或两手反在背后，一副师道尊严、居高临下的姿态，没有一点亲切感。

站立时禁忌的姿势

脚的错位：

双脚站累时可以把身体的重心从两脚挪到任何一只脚上，但不可把两膝弯曲，双脚摆成外八字（图 4 － 4），用脚做一些乱指乱点、乱踢乱画、乱蹦乱跳、勾东西、蹭痒痒、脱鞋子或者半脱不脱、脚后跟踩在鞋帮上、一半在鞋里一半在鞋外等不合礼仪要求的动作。

图 4-4　男不雅站姿

图 4-5　女不雅站姿

腿的错位：

站立时双腿不可叉开过宽，不可交叉形成别腿，或把脚踩、蹬、勾在别的东西上以及把腿搭在或跨在别的东西上，使腿部错位，更不可抖动双腿或一条腿。

上身错位：

上身表现自由散漫，东倒西歪（图 4 － 5），或随意倚、靠、趴在别的东西上，或肩斜、胸凹、腹凸、背驼、臀撅，显得无精打采，委靡不振。

头部错位：

脖子没有伸直，使得头部向左或向右歪斜，头仰得过高或压得过低，目光斜视或盯视，表情僵硬等。

站姿技巧训练

（1）以站在讲台中间为主，挺胸、收腹、抬头、沉肩、梗颈；

（2）双手下垂，神态自然，手势自然；

（3）两脚稍呈八字形，身体稍微前倾，两腿一虚一实，重心落在一只脚上，或两脚掌平行，距离与肩同宽。

◇ 思考：自己的站姿存在哪些问题？如何改正？

＊走 姿

为了让课堂生动，让学员能够互动，课堂就需要走动。也就是说，培训师经常要在教室里走来走去，那么，如何让自己走得自然？

走姿的基本要求

图 4-6 正确走姿

一般来说，标准的行走姿势，要以端正的站立姿势为基础。基本要领是：起步行走时，身体应稍向前倾，身体的重心应落在反复交替移动的前脚脚掌之上。行走时，双肩平稳，目光平视，下颌微收，面带微笑。手臂伸直放松，手指自然弯曲。摆动时，以肩关节为轴，上臂带动前臂，前后自然摆动，摆幅以 30° ～ 35° 为宜。行进时，向前伸出的那只脚应保持脚尖向前，不要向内或向外。同时还应保证步幅（行进中一步的长度）大小适中。通常，正常的步幅应为一脚之长，即行走时前脚脚跟与后脚脚尖二者相距为一脚长。

在行进时，女士的行走轨迹，应呈一条直线；男士的行走轨迹，应呈两条平行线。与此同时，要克服身体在行进中的左右摇摆，并使自腰部至脚部始终都保持以直线的形状进行移动（图 4-6）。

走姿禁忌

瞻前顾后：在行走时要目视前方，不应左顾右盼，尤其是不应反复回过头来注视身后。

双肩乱晃：在行走时应力戒双肩左右摇晃不止，身体也随之乱晃不止。

八字步态：在行走时，若两脚脚尖向内侧伸构成内八字步，或两脚脚尖向外侧伸构成外八字步，这样走起来都很难看。

速度多变：行走之时，切勿忽快忽慢，要么突然快步奔跑，要么突然止步不前，让人捉摸不透。

声响过大：在行走时用力过猛，使得脚步声响太大，因而妨碍他人，或惊吓了其他人。

方向不定：在行走时方向要明确，不可忽左忽右，变化多端，显得鬼鬼祟祟，心神不定。

热场走姿

热场走姿可分为：快速移动型、接触学员型和培训台移动型。

快速移动型可以迅速跟所有学员接触，消除学员对培训师的隔阂和障碍，快速取得认可。比如，为了能够尽快融入学员，可以环绕教室一圈。要做到以下方面：

精神饱满，从容自然，面带微笑；

挺胸抬头，目视学员，不东张西望；

步态稳重自然，手臂不做大幅度摆动；

两手自然下垂，不插在衣兜内；

口自然微闭，双唇不要颤动。

当站立中央的时候，提醒开始上课了。

接触学员型可跟前面一排和二排的学员接触，可踱步，面带微笑，步态稳重，不要漫不经心地随随便便、摇摇摆摆地离开，要偶尔与前两排学员简单沟通。这样可消除学员对培训师的神秘感。

培训台移动型就是培训师在培训台稍作移动，表示培训课程开始进入，可使学员的注意力聚集。转身要自然，不能用操练动作。

走姿训练

以下是一些虚拟的情境，我们看作为培训师应作怎样反应：

（1）你走进教室，学员已准备好上课，你很满意……

（2）你走进教室，教室里秩序混乱，你对此大吃一惊……

（3）你走进教室，学员很出色地完成了上次的作业，你开始讲课……

（4）你走进教室，察觉到学员干了一场恶作剧……

(5) 学员在井然有序地学习，你在他们中间走动巡视……

(6) 你在学员之间走动，发现一个学员的作业比任何时候都好，你指出这一点，并让他看到自己的进步……

走姿案例

名人大概都有可乐的地方。毛阿敏刚出道的时候，我在中央电视台给她主持节目。第一次在中央台录节目，她也战战兢兢的。她特虚心地对我说：“姜老师，我挺紧张的，您看我有什么毛病给我指出来。”她唱的是个叫青蛙什么的歌儿。除了里边“咕儿呱，咕儿呱”学叫唤那句还有点特点，其余的都挺一般的。唱完了，她还是那么虚心地来请教我。我那时候是“腕儿”，她还没成“腕儿”呢！既然人家求上门来，咱也装模作样地先鼓励一下再指出不迟：“唱得挺好的！（废话，不好能上中央电视台吗？）歌儿也比较完整，（半拉歌儿怎么唱呀？）演得也挺用心！（还是废话，第一次演就不用心，有这样的吗？）就是走路显得还不太成熟。”阿敏听了后感激不尽，而且沉痛地说：“姜老师，我就是上台这路不会走。”几年过去了，一曲《你从哪里来》使毛阿敏名声大振，我一看，那两步走一点儿没改，又过了些日子，所有的小歌星们都开始学那两步走，学得不像还着急骂自己“真笨”呢！气得我老“腕儿”奈何不得。毛阿敏听我的“控诉”之后，也乐得“咯儿咯儿”不行！当了名人，就是毛病也有人学，现实就是这么可乐。

摘自姜昆《可乐的名人和名人的可乐》

当你读完著名相声演员姜昆的这段经历，你对走姿有何看法?

第五章
职业形象（下）

本章主要概述了手姿、坐姿和蹲姿。通过本章学习，掌握培训师如何应用手姿技巧，从而丰富授课内容，提高授课技巧，了解培训师在授课过程中，注意坐和蹲的相关事项。

＊手 姿

手姿又称手势。手是人体最灵活的一个部分，是有声语言的必要补充和强化，因此，手姿是身体语言中最丰富、最具有表现力的传播媒介。在培训中，手势是使用频率最高的，如果做得得体，就能在你的课程中起到锦上添花的作用。适当地运用手势，可以丰富表达方式，增强感情表露，强化所要表达内容。古罗马政治家西塞罗曾说："一切心理活动都伴有指手画脚等动作。手势恰如人体的一种语言，这种语言甚至连野蛮人都能理解。"比如，用手势来模仿物体形状，给学员一种形象的感觉。当你讲到"现在的照相机只有烟盒那么大"时，辅助用手比划一下，就很鲜明、很形象，强化学员理解。手势要注意准确、自然、美观、大方，要体现自己的语言表达和授课风格。

陶行知先生说："演讲如能使聋子看得懂，则演讲之技精矣。"

手姿黄金框

为了使培训时姿态能够生动自然，要求手和胳膊可以自由地摆动，并多在手势黄金框内活动，在不移动站立位置的情况下，所有手势都要借助胳膊完成。因此，当开始授课的时候，培训师的手姿建议要在黄金框内。为了能够让手自然放松，不至于别扭，感觉舒服，建议一只手握有荧光笔或者话筒，放在黄金框内。

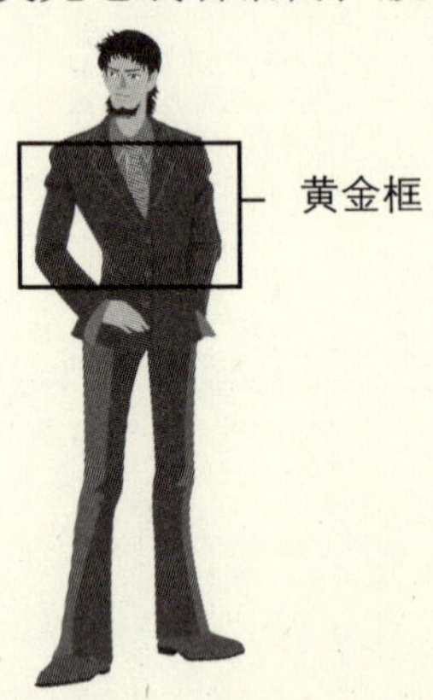

图 5–1　手姿黄金框

心理学家和形体语言学的经验表明，将双手放在腰身以下会产生负面的效果。无论是垂在身前、身后还是身体的两侧，垂下的胳膊和双手会给人以消极的印象。所以，手姿在黄金框内，可以让学员感觉到积极的信息，更好理解你讲课内容。

讨论：如何理解两臂下垂会给人以消极形象。

____

____

____

手姿表达的信息

一般认为，掌心向上的手势有一种诚恳、尊重他人的含义；掌心向下的手势意味着不够坦率、缺乏诚意等；拳头暗示进攻和自卫，也表示愤怒、充满激情；伸出手指来指点，是要引起他人的注意，含有教训、鄙视的意味。作为一些课程的辅助手段，手势语言可以表达交流、拒绝、区分、警示、指明、号召、激情、决断。

表 5-1　手姿表达含义

恳　请	伸出手，手心向上
否　定	掌心向下，作横扫状
区　分	两手斜对，做切分状
警　示	掌心向外，指尖朝上
指　明	用掌或手指
号　召	手掌向上，挥向内侧
激　情	拳头，向上
决　断	拳头，向下

演　练

1．单手横摆式。

图 5-2　单手横摆式

单手横摆式常用来表示“请”、“请进”。具体做法是：一只手五指伸直并拢，手掌自然伸直，手心向上，肘微弯曲，腕低于肘。以肘关节为轴，手从腹前抬起向外侧摆动至身体侧前方，并与身体正面成45°时停下，同时脚站成丁字步。头部和上身微向伸出手的一侧倾斜，另一只手自然下垂或背在身后，目视学员，面带微笑。

2．否定式。

否定式手姿的具体做法是掌心向下，胳膊稍曲，手掌稍向前伸。如“这种严重违反企业规章制度的行为，我们要严惩不货！”

3．区分手姿。

区分手姿的具体做法是，两手伸开自然放松状态，大臂可稍向两侧张开，两手在中区由合而开。如果相对积极态度，用手心斜向上；反之，则斜向下。“虽然做了许多工作，仍然不见效，最后，谈判还是破裂了。” 若是手心向上，表示遗憾；若是手心向下，表示不惋惜。

男士一些普遍的不好习惯：东倒西歪、耸肩勾背、双手乱放等，有的将双手插进裤子口袋里，导致学员们疑虑不解，他把手放在口袋里干什么呢？有的把双手放在背后，到处巡视，给学员感觉盛气凌人，高高在上。有的做小动作，用手玩弄笔等小玩意，会分散学员的注意力。

手姿的基本要求

手姿动作宜少不宜多。

手姿动作宜小不宜大。

一般情况下掌心不宜向下。

不宜将两手放在裤袋里或两手反在背后，左右交叉抱住胳膊压在胸前一副师道尊严、居高临下的姿态，没有一点亲切感。

谈到别人时多用掌心向上，手指自然并拢，指尖朝向别人，切忌不能用食指指点别人。

指到自己时应掌心向内，拍在胸脯上，切忌不能用拇指指自己。

他人面前切忌用手做不雅的动作。如，掏耳朵、搔头皮、抠鼻孔、剜眼屎、剔牙齿等。

他人面前切忌用手做不稳重的动作。如，双手乱摸、乱动、乱举、乱放、乱扶，或是咬指尖、抬胳膊、折衣角、拢脑袋、抱大腿等。

姿势不雅被拒绝

某电视台播放男女相亲节目。有一次，一个男的上台，左右交叉抱住胳膊压在胸前站立。结果，全部女生灭灯。其中有一位女生是这么评价的：“你太藐视我们了！”

◇ 思考：从这个小故事中，你的启发是什么？

____

____

____

从这个故事不难得到一些启示，养成好习惯，会受益一生；一个不好习惯，可能会让自己孤独一生。当自己藐视别人的时候，结果自己就被别人藐视了。作为培训师，不要轻易做一些行为上的暗示，否则，就有可能被学员从心理上开始拒绝了。

手姿不同场合差异

在培训过程中，根据培训环节、内容不同，培训师的性别、年龄不同，手姿的动作也有较大的差异。

男培训师的动作相对可以大开大合，动作刚劲有力，充满力量与激情外向动作较多，手势与动作幅度较大；而女性则相对平缓，温文尔雅，动作柔和、细腻、舒缓，手心向内的动作较多，手势与动作幅度较小。

课程的情感曲线设计不同，决定你的动作幅度、力度不同。

年轻的培训师可以多点爆发的力量振奋人心，年长点的就要相对内敛。

素质培训要求的肢体配合程度要高，技能培训中就要求低。

演 练

1．手指练习。

跷起大拇指：表示称赞、钦佩；

伸出小拇指：表示卑下、低劣、轻视；

五个手指由外向里收拢：表示力量集中，事物相聚；

五个手指向下用力收拢：表示控制、抓握；

伸出食指或中指：特指某人、某事物，亦指命令、斥责；

手指逐一屈或伸：表示计算数目、列数次第；

大拇指与食指相捏：表示细小物体。

2．手掌练习。

手掌向上前伸，臂微屈：表示恭敬、请求、赞美、欢迎；

臂微屈，手掌向下压：表示反对、否定、制止；

手掌挺直、用力劈下：强调果断的力量和气势；

两手掌从胸前向外推出：表示拒绝或不赞成某种观点；

两手掌由外向胸前回收：表示聚集、接受；

两手掌由合而分，向上摊开：表示消极、失望、分散；

两手掌由外向内，由分而合：表示团结、联合、亲密；

单手掌向上前方冲击：表示勇往直前或猛烈进攻；

两手掌向正上方推举：表示强大的力量和宏伟的气魄。

3．手臂势语的练习。

摊开双手，向前上方展开双臂：表示一种颂扬、称赞和讴歌光明与充满希望的积极情感；

两只大臂自然下垂，小臂在胸前作左右、前后、上下运动，辅助有声语言进行指示：象征和强调说明，动作要求轻松自如、简洁明快、沉稳坚定、刚柔相济、动静结合。

手臂交叉姿势，即双臂紧紧地交叉在胸前，如盾牌和防弹钢板形成一种防御屏障：增强自己的安全感。

手臂紧紧交叉在胸前，而且双手紧握，伴随着咬紧牙关：暗示出一种更强烈的防御信号和敌对态度。

现在，请你对着镜子练习一遍，对，再来一遍，看，动作是不是大方舒展多了？好，从今天起，建议你经常花一点时间练一练，熟练成自然。

那么，如何在培训中充分应用手势语来强化自己表达内容呢？以下面例子来说明。

有一个商场开业，凡是到商场购物的大人带有小朋友的均可获得一次抓糖机会。有一年轻美貌的妇女携带一小孩从商场出来，到抓糖处。

导购员：“小朋友，可以抓糖咯！”

小朋友不动，小孩妈妈推着说：“宝贝，可以抓糖了。”

导购员鼓励地说：“小朋友，真可爱，可以抓糖了。这个糖真好吃。”

小孩妈妈蹲下来，鼓励小孩去抓糖。小孩还是不动。

导购员说：“宝贝，叔叔来给你抓。”就抓了一把放在小孩的口袋里。

出商场了，小孩妈妈问：“宝贝，你不是最爱吃糖，刚才为什么不抓呢！”

小孩回答令小孩妈妈惊讶，他是这么说：“我的手没有叔叔的手大。”

此时，作为培训师，可以通过手型来表达。当说到“我的手没有叔叔的手大时”，可以伸出手，向上，手指并拢，意思是说小孩自己的手是小的。当表达叔叔的手大时，可以把并拢的手指张开，表示叔叔的手比小孩大。通过手型变化，从而让学员更容易理解自己想要表达的意思。

当然，后面内容可以解释，小孩抓一次，手掌向下，手指并拢，表示抓的少。大人抓一次，手掌向下，手掌张开，用夸张的手姿来表达小孩需要用好几次才能抓那么多。

◇ 当训练完毕后，请写下你的感受：

＊坐　姿

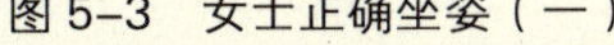

图 5-3　女士正确坐姿（一）

图 5-4　女士正确坐姿（二）

作为培训师很少会坐着讲课，当然，站着讲授的老师，偶尔也需要坐着休息或者参与学员讨论，这就需要我们注意自己的坐姿。

女士的基本坐姿

女士可以两腿并拢，两脚同时向左放或向右放，两手相叠后放在左腿或右腿上，也可以两腿并拢，两脚交叉，置于一侧。

男士的基本坐姿

上体挺直，下颌微收，双目平视，两腿分开，不超肩宽，两脚平行，两手分别放在双膝上。

图 5-5 男士坐姿

坐姿的具体要求

头部端正。

坐定时要求头部端正，可以扭动脖子，但不能歪头；眼睛正视学员，或者目视前方，目光柔和，表情自然亲切。

上半身伸直。

上半身自然伸直，两肩平正放松，两臂自然弯曲，两手既可以放在大腿上，也可以放在椅子或沙发扶手上，掌心一定要向下。

下半身稳重。

两腿自然弯曲，两脚平落地面，在授课场合，建议上身与大腿、大腿与小腿，均应当为直角，即所谓“正襟危坐”。

入座时坐姿的基本要领

应以轻盈和缓的步履，从容自如地走到座位前，然后转身轻而稳地落座，并将右脚与左脚并排自然摆放。坐定后，身体重心垂直向下，腰部挺起，上体保持正直，头部保持平稳，两眼平视，下颌微收，双掌自然地放在膝头或者坐椅的扶手上。

女士入座时，若着裙装，应用手将裙稍微拢一下，不要等坐下后，再重新站起来整理衣裙。女士就座时，不可跷二郎腿，更不可将双腿叉开。男士可以交叠双腿，一般是右腿架在左腿上，但腿脚不能不停地晃动。

坐姿禁忌

男士和女士在就座时，不可以懒洋洋地摊在椅子上，跷起二郎腿，脚尖朝天，不停地抖动腿部，坐姿过于死板、僵硬。

双手不要叉腰或交叉在胸前；

不要摆弄手中的茶杯或将手中的东西不停地晃；

不要不时地拉衣服，整头发或抠鼻子、掏耳朵等。

坐姿的一些含义

坐姿有不同含义，以下是经常出现的坐姿，其含义如下：

表 5-2　坐姿及含义

手臂 / 腿交叉	关闭的、不信服的
身体前倾	准备就绪
身体后仰	信心十足的、优越感
手臂竖起	冷淡的、防范的
捡线头（衣服上的）	不以为然

* 蹲　姿

培训师一般情况下不会蹲着，但蹲姿最容易出错。培训师在游戏、互动、地上捡东西、低处取物品的时候，会有下蹲和屈膝的动作。对于蹲姿是否优美，若不注意细节，将影响其在学员中的形象，尤其是着裙装的女培训师下蹲时，稍不注意就会露出内衣，很不雅观。

蹲姿的基本要领是：下蹲时，两腿合力支撑身体，避免滑倒或摔倒。使头、胸、膝关节不在一个角度上，从而使蹲姿显得优美。

蹲姿有两种基本形式：高低式蹲姿和交叉式蹲姿。

高低式蹲姿

左脚在前，右脚在后向下蹲去，左小腿垂直于地面，全脚掌着地，大腿靠紧，右脚跟提起，前脚掌着地，左膝高于右膝，臀部向下，上身稍向前倾。以左脚为支撑身体的主要支点。

交叉式蹲姿

下蹲时右脚在前，左脚在后，右小腿垂直于地面，全脚着地，左腿在后与右腿交叉重叠，左膝向后面伸向右侧，左脚跟抬起，脚掌着地。两脚前后靠紧，合力支撑身体。

图 5–6　男标准蹲姿

图 5–6　女标准蹲姿

蹲姿的禁忌

采用高低式蹲姿时两腿分开过大（图 5–7)，尤其是着裙装的女士更不可这样，或者是采用高低式蹲姿时不但两腿分开过大，而且两腿一样高，十分不雅。

图 5–7　女不雅蹲姿

第六章
上场与下场

本章主要概述了培训师上场、开场方式、开场避免方式和下场方式内容。通过本章学习，掌握了培训师上场之前应该准备事项，登台关键三分钟如何做好并充分展示自己，同时掌握精彩结束，让学员回味无穷！

上场和下场，是成为职业培训师的必修课。毕竟，有授课，就需要上场。万事开头难，一旦上场顺利，准备充分，就意味着成功的开始。同样，有授课，就有下场。让学员留下你美好的印象，就为每一次课留下一个完美的结局。

＊上　场

登台前准备

登上讲台时容易怯场，尤其是刚刚成为培训师的时候更是如此。为了让自己闪亮登场，应做好以下两件事情：

知道对象

应知道对什么样人群进行培训，有一个比较概括的了解。比如，对象的年龄、文化程度、职务、从事工作、性别、培训期望和目的等。知己知彼，百战不殆。

认真准备

培训前要目中有人，人皆我师，故需悉心以求，认真准备。很多时候，准备比资历更重要。讲课内容要做好认真准备，培训方式要清晰，更主要的是要带好必备工具。比如，U 盘、翻页笔、游戏道具等。

培训师常备设备与注意事项

1. 培训师常带的设备

笔记本电脑。

电脑充电器。

鼠标。

U 盘或移动硬盘，主要用来备份课件。

荧光笔，让你看起来更职业，可以通过电脑店或者网络购买，建议买较为省电的类型。

小音响，很有必要备一个。如果授课场地没有音频线等设备，那么，播放音乐或者视频时将极影响效果。虽然可以拿话筒对准电脑音响，但效果就是不好。还有，有的教室根本就没有扩音器，比如到大学一般教室授课，就没有扩音设备。

铃铛一个，可以用来提示上课用，从而让学员觉得是回到真正的课堂。

计秒器，有些游戏十分必要备用。

2. 需要培训方协助的事项

告知培训对象的基本信息：人数、学历、年龄、职务(岗位)。

黑板或白板一个。

活动挂图和三脚架。

白板用的磁铁。

白板笔部分供小组讨论的时候用。

普通白纸。

为了让课堂能够互动，请每个小组不超过 8 人，人数尽可能不超过 40 人。

桌子必须能够移动，能够分小组。

会场内不允许摆烟灰缸。

移动麦克。

连接电脑到音响线路。

投影仪等。

到机场接人的师傅姓名、电话号码，这是培训师最容易忘记的事项。一般来说，培训师到一个新的地方，都有人来接送。问题就在于可能会出现误机或者延机，此时，必须提前与接送师傅及时沟通。否则，一旦出现延机几个小时，容易让师傅焦灼等待，或者以为错过了。假如没有联系方式，没有及时沟通，容易让师傅产生负面情绪，直接关系到安全问题。

3. 外出培训的培训师常备药品和食品

黄连素或氟哌霜，主要是医治肠胃病，避免出现拉肚子，这是培训师绝对忌讳的。

感冒咳嗽药，保护嗓子是第一要务。

一般消炎药和退烧药。

4. 培训期间禁忌

避免出去吃不卫生食品。

注意保暖和御寒。

注意锻炼身体，保持营养协调，注重体力支持。

多喝开水，尤其不要喝过于刺激的饮料和酒水，保持洪亮的声音。

准时到达

培训师应准时到达培训地点，特别是首次见面，更要提前到达，调试好设备，熟悉现场，调整好适合自己培训特点的现场设备位置，将上课用的一切物品包括讲桌上的材料、书写用的活动挂图、书写用的钉板、展示板、提示表、教鞭、电脑、多媒体投影仪等，按照你的要求摆放，并将与课程无关的并可能造成对培训效果干扰的物品清出教室。切忌，迟到是培训师的大忌。迟到超过十分钟，那是对学员的极其不尊重。

登台时刻

站在讲台前，不用急着讲话，可以用你的眼睛环视所有的学员，当感受到全场都已经安静下来，你已经用目光同所有的学员都打过招呼以后，确保所有学员的注意力都集中在你的身上时，你就可以开口讲话了。通常会说："各位学员，早上好（或下午好、晚上好），我是 ×××，来自 ×××（地方），非常高兴与大家分享我的关于 ××× 课程。"然后是致意式鞠躬（大约鞠躬 15°）。这里特别有一个特别要求，一般是先说话，后鞠躬，鞠躬幅度不要过大。切忌做立正状，双手下垂，鞠躬三次，容易让人误解想到特殊场合。

开头几句一定要讲好。不看讲稿或者 PPT，也不要背稿，要事先准备，设想好开头话语的基调、风格与中心词，用好、讲好"情景语言"，力争出彩。比如，用非常激昂的声音问好，并邀请所有学员给予回答。当听到所有学员回答时，看到大家注意力已经集中到你这里，就可以授课了。如果课堂状况没有达到你预期的要求，可以再问候一次，直至所有人的注意力全部集中到课堂上来。

开场方式

万事开头难。开好头，犹如奉献给学员的第一束鲜花，可以起到事半功倍的效果，给人留下深刻印象。为了能够吸引学员，抓住学员，职业培训师需要因时、因人、因地、因内容采取有针对性的开头。

1. 互动式

为了调节气氛，带动学员学习，成年人培训经常以互动式开场，尤其是激励类、成长类、营销类培训，更是以互动方式开始为多。由于成年人学习经常是连续几天进行，如果形式太过于单一，就容易乏困，那么，以互动方式开始较好，一是容易让学员快速集中；二是调节学员情绪，进入较为亢奋状态；三是通过全身式投入，容易激发大脑思考。还有，下午授课伊始，建议多采用这种方式，让学员从较为疲惫的状态进入兴奋状态。

比如，培训师确定要开始讲课了，可以向大家问好："大家好！"

一开始，学员可能回答千奇百怪，参差不齐。此时培训师需要加以引导，并予以说明："当我喊大家好时，请大家一起回答，好，很好，非常好。现在我们开始练习。"

稍作停顿，巡视一下大家，然后掷地有声地："大家好！"

学员开始回答："好，很好，非常好！"

学员喊完"好，很好，非常好！"如果再辅之刚劲有力的"V"字形手势，并一起喊出"yeah"，效果会更好。

当学员表现很好的时候，培训师可以趁热打铁地说："请用热烈的掌声鼓励一下我们自己！"

这样，互动式开场告一个段落，让学员快速集中精神，处于较为兴奋状态下开始进入你的讲坛。其实，如果这种效果良好，意味着学员已经进入你的"催眠状态"了。

2. 冲击式

现代企业越来越重视培训，相当部分的学员接受过各种各样的培训，经常对同一种知识见惯不怪了。尤其一些传教式的内容，比如，给自己企业做企业文化宣贯，那是很难讲的，毕竟大家都很了解。如果讲冠冕堂皇的话，觉得是吹牛；按部就班陈述内容，又觉得枯燥。此时，你要了解学员的心态和状态，要讲一些他们都明白，但不一定理解到位的东西。这个时候，你需要以冲击的方式，引起学员思考。也就是说，举例一些大家平时都知道，但刨根究底下去又不知道的东西。

笔者一次给集团某部门做企业文化宣贯，在此之前，已经给这个部门做过一次概要式的宣贯。同样的菜再炒给同样的人吃，那绝对是不受欢迎的。为了能够上好这堂课，笔者下了不少工夫，提出自己独到的见解。此时，为了能够让学员关注，有兴趣听，吊起大家胃口，集聚起学员欲求究竟的心理，可以采取冲击方式开场。

笔者先讲前段时间集团内部招聘市场营销人员，年龄要求在40岁以下，参加笔试的人超过150人。在笔试试卷中，有一道题目是大家如何理解集团提出的"51518"品牌发展目标。当然，学员先要明白"51518"这个数据的具体内涵了。笔者作为改卷人，面对千奇百怪的答案哭笑不得，同时也引起自己思考："很多东西，我们好像都知道了，可追问下去，真的明白了吗？"

借此，笔者话锋一转，就问："在座的各位，'51518'品牌发展目标，你们也理解了吗？你们是如何与我们合作商讲述集团品牌发展目标呢？同样，在座的各位，真的理解了集团价值观了吗？真的理解集团文化了吗？”

于是，在大家反思中层层解读企业文化，效果很好。否则，大家带着这没有什么可听的态度，这个课就很难上了。

3. 介绍式

介绍式即培训师介绍他人、或介绍自己。有时可以介绍自己的简历，提高权威度，有时介绍自己对企业的感受（切忌，不能批评企业，否则容易与学员产生对立。正所谓什么叫母校——你自己可以一天骂八遍十遍，却不允许别人骂一遍的地方。员工对企业也是如此，很多企业内部员工可以骂自己企业的不是，但一旦外部人说企业的不是，就很难容忍了），也可以介绍心情、感想等。

到课堂上了解学员基本情况，举个例子，笔者接触过的培训，有一位老师是这么说的：“刚才我咨询培训组织者，说大家都是来自大江南北，有的来自东北，有的来自海南，有的来自楚雄，有的来自昭通，有的来自大理。红塔集团是大企业，努力打造世界领先品牌，我相信，在不远的将来，在这里听课的学员也会来自世界各地！”

这样自我介绍，可以亲近学员，拉近距离，从而为后面课程互动做好铺垫。

4. 提问式

提问式即向学员提问的方式切入授课主题。提问式授课方式能够很快让学员集中注意力，激发思维，引发思考，容易调动学员的兴奋点。大脑是喜欢问题的，很多时候，好问题远比好内容效果好。

比如，笔者在云南大学做《大学生如何打造个人品牌》的演讲中，开头是这样开始：

现在，给大家做一个选择：有两台电视机——A 和 B，都是 37 寸彩电，外观形状都一样，也都卖 6600 元人民币，请问，您将买哪一台？

面对同质化的商品，我们无法判断孰劣孰优。如果 A 是索尼品牌，B 是创维，你选哪一个？那么，我们就会很容易选出心目中的较为理想的品牌。

如果我们选择所谓的优秀品牌，为什么这样选择？背后是什么？给予我们思考的是什么？

提问题要有技巧，那就是所提问题不仅需要与授课内容相关，还需要有一定难易区分。太简单了，大家就觉得很容易；太难了，没有人回答，容易冷场。最好的方式就是，一开始的时候，相对容易回答的问题先提问，调动大家积极性，之后开始有难度，提高大家的兴趣。比如，讲授红塔集团品牌的发展基本情况，第一问题是 2010 年红塔山品牌销量在中国排名第几？只要对烟草行业有一定了解的人，基本都知道红塔山品牌 2010 年销量在中国排名第一。第二个问题是 2010 年红塔山品牌销量在世界排名第几？对于不了解世界烟草，不关注世界烟草发展格局的人，一般都是不太清楚的。此时，这个问题有一定难度。那么，当提到这个问题的时候，很多企业内部的人都很少思考这样问题，就容易引起大家注意。毕竟，介绍企业品牌发展，除了外面客人外，还有企业内部陪同人员，此时，作为企业内部人平时都很少思考的问题，自然会引起大家的兴趣。

当然，在课件播放时，需要一些技巧。首先先播放第一个问题，留一定时间让大家思考。因为第一个问题相对简单，一般有人能够回答出来。当有人作出回答之后，要积极予以肯定。之后，再播放第二个问题，再让大家思考。此时，可能没有人能够回答出来，但还是需要留出时间让大家思考一会儿。之后，再播放最后结果。需要注意的是，所表达的结果一定简单明了，文字尽可能少，让学员容易记住，不要太复杂。

2010年“红塔山”品牌销量在全国排名第几？	2010年“红塔山”品牌销量在全国排名第几？ 2010年“红塔山”品牌销量在世界排名第几？	**中国第一** **世界第二**
图 6-1	图 6-2	图 6-3

5. 道具式

以道具作为吸引眼球方式开头，不乏是一种好方式。在授课演讲中，很多时候，视觉更容易帮助、促进记忆。

笔者在西南林学院大礼堂演讲，足有五六百人来听。为了很快吸引学员，笔者就拿了一瓶可口可乐作为道具来吸引学生。

请问，可口可乐在沃尔玛商场卖多少？在学校门口小卖铺卖多少？在昆都酒吧卖多少？在超五星级的翠湖宾馆卖多少？为什么同样一种商品会卖不同的价格？

当大家都作出回答后，给出启示：有的时候，重要的不在于自己，而在于自己选择。

在一次客户经理培训课中，讲授内容是店面陈列管理的重要性。笔者就拿同一品牌的两包烟让大家选择。当然之前就已经设计好了，一个完好无损，另外一包有明显破损的地方。假如作为普通消费者，请问大家将会选择哪一包烟？

不难想象，作为一般消费者，大家一般会毫不犹豫地选择完好无损的一包。道理很简单，花同样的钱，绝对不会买一个带有破损的产品。通过简单道具演示，培训师自然而然引入主要授课内容，进一步说明陈列管理的重要性。

6. 故事式

通过讲一个引人入胜的小故事，再引入主题，也是比较常用的方式。故事容易理解，很快可以让学员融入情境。

笔者有一门经典课程——《烟草行业发展态势与品牌竞争格局分析》课程，开头讲了这样一个故事：

前一段时间，朋友打电话给我，说能不能周末一起出去爬山。

我说，在弥勒参加烟草学会年会，不过星期六回家，星期日没有什么事，会考虑参加的。当时我提醒了一句，据天气预报预测，未来两三天，玉溪天气将急剧转变，会下雨。

朋友说，到时再说。

到了星期日，早上起来的时候，发现凌晨已经下过雨了，天色很不好。等到大家准备爬山的时候，又下起了不小的雨。在云南玉溪这个地方，夏天一雨便是秋，天气变冷多了。冬天更是一雨就是寒冷，何况山上呢！当时我就拒绝前往。等他们回来之后，晚上一起聚餐，问其爬山之事，大家心情如何就可想而知。

为什么辛辛苦苦组织大家活动，结果大家反而不高兴呢？还怨声载道呢？

当然，天有不测风云。可是，科技已经告诉我们，未来几天，天气将会有变化。当然，天气预报也有不准的时候，但别忘了，这种概率是不高的，是极低的。那么，为什么我们不选择概率高的呢？

这不得不令我考虑一个问题，做任何事情，都要看远一点。

怎么看远一点呢？

把握方向，掌握规律，听懂“北京话”。

这是什么意思？

“北京话”传达的就是方向，就是未来趋势，就是未来中国烟草发展的“天气预报”。解读行业政策，把握行业发展规律，我们就会减少做事“南辕北辙”。

开场还有很多方式，比如幽默式、游戏式等，或者多种形式相结合，培训师可根据自己的特点寻找适合自身特点和培训内容进行选择。

开场避免方式

下面介绍的几种开场方式，是不提倡用的，是应该摒弃的开场。

1．自夸式

有些人把空洞客套的导言当做是时髦的开场白，或者洋洋洒洒自我介绍半个小时左右，这样都容易引起反感。

“最近我很忙，上周到北京，前天在上海，昨天飞到广州，昨天晚上匆匆到你们这里……”

“我本来不想来，其实……”

“我很忙，这种课程是不想来的，下午我还需要到其他地方授课，然而……”

◇ 思考：假如你是学员，当听到培训师说这些话，有何感受？

---

2. 自杀式

消极否定式的开头会使你毫无所获，由此你不但妄自菲薄，而且无异于告诉听众，他们是何等的不重要。一些典型的例子如下：

“我刚刚才来到这个地方，本想准备一下，但太匆忙了……”

“我不想占用你们太多的时间，然而……”

“我很抱歉，给诸位带来了负担，但……”

3. 幼稚式

开始的时候，尽量避免没话找话讲，讲一些众人皆知，那么，这样的开场白就是完全没有意义的。比如，有人是这样开场白：“夏天来了，天气变暖和了……”

4. 对立式

有的老师一开始拿学员开玩笑，或者提一些问题来证明学员是错误的，这种容易与学员形成对立，气氛紧张。有的老师看到课堂布置、课堂气氛不好，或者其他一些问题，就开始发火，尤其是拿学员发火，容易造成课堂情绪紧张，容易形成对立。

有一个老师，在团队建设课程项目中，提了这样一个问题：“人活着是为了什么？”

这是开放式问题，仁者见仁，智者见智。其中，有一位学员说：“是为了相信自己。”结果老师就开始说：“如果是相信自己，那么，老师说的与你不一致，你就不相信了，就不接受；如果老师讲得与你一致，你就接受，而这些都是你之前都知道的。这样，自己就没有新的知识收获，就无法成长。”当这位学员被这么说了之后，情绪就比较紧张了，容易产生对立。

★ 下场：精彩结束

培训师授课结束下场时应注意的是：专注全场、享受掌声、再次致礼。

培训课程的结束语是培训课的最后一个部分，但它并不意味着你培训课的结束。只有当你走下讲台，你的介绍展示才真正结束。所以在课程主要内容结束后，要静音十秒钟，环视全场学员，然后再讲结束语，对学员积极参与学习表示感谢。这时，你通常会得到学员的掌声，这也是你应得的掌声。请你集中精力接受这掌声，在这期间不要去做其他的事情。掌声是你的，它完完全全只属于你一个人。当学员向你表示感谢（鼓掌）的时候，你却在收拾整理刚才培训用的资料，这无疑是一种在学员面前狂妄自大的表现，给人以漠不关心、态度冷淡的印象。应该向听众鞠躬，向他们表明你非常高兴能得到他们的致谢，毕竟掌声表达了学员对你的尊重。在离开讲台的时候，你若是不能一下子拿走所有的材料，那么就把它们全部都留在讲台上。等学员已经起身离开时，如果有必要的话，可以取回你的材料，要保证自己离开时的讲台同你开课前的讲台一样干净。

心理学告诉我们，首因效应和近因（末因）效应都会给学员留下深刻印象，开始和结尾都同样重要。好的结尾可以让学员回味无穷，留下深刻印象，绝不能轻视，同样要构想巧妙。一般有以下几种结尾方式：

1. 总结式

培训师用十分精辟的语言进行总结授课内容，可以是一段话，可以分出一、二、三句话，或者也可以以图表形式进行归纳总结。通过这种方式，可给学员一个总的认识，或者用很简练的语句归纳总结几点你所讲授的内容，让学员容易记住主要内容。这是最经常使用的结尾方式。

也可以让每位学员轮流发言，或者派小组代表发言，回忆到目前为止他们学到最有用的是什么，感触最深的是什么，个人感悟是什么等。

2. 共鸣式

以赞颂、表扬、激励的方式结束授课，主要目的是让学员产生愉悦感，容易刺激兴奋点，留下突出的记忆。这需要老师提前准备，结合学员特点，写出具有特色的内容，从而引发共鸣。

在一次商业公司客户经理培训中，笔者采取共鸣方式结束课程：

客户经理是一件很辛苦的工作，
要走千山万水，

要说千言万语，

面对客户千变万化，

市场预测千头万绪，

历尽千辛万苦，

有人是这样教育他们的小孩：“你再哭，再哭以后把你送去做客户经理！”回想起来，原来是千真万确的。

但不管怎样，我们毕竟都走过来了。我相信，烟草人在行业两个利益至上行业价值观指引下，在各位努力下，我们行业明天会更美好！烟草行业一定会给国家作出更大贡献！

谢谢大家！

3. 赠言式

在课程结束后，以给听众集体赠言的方式作结。

比如，讲述主题是《超越自己》结束语：

每个人都是一座山。

世上最难攀越的山，

其实是自己。

往上走，

即便一小步，

也有新高度！

这种赠言方式，不仅具有启迪作用，更主要的是，能够让学员长期记忆中，始终铭记在心的内容。那么，如果能够达到这样效果，你的授课就是成功的！

4. 幽默式

以幽默的语言、故事结束：

有一对青年男女，恋爱多年，始终没有实质进展。有一天，两人再次相约公园里，彼此不说话。终于，男青年鼓足勇气说一句话：“亲爱的，我能不能吻你一下？”女的脸红了，赶紧把头低下。男的再次鼓足勇气说了第二句话：“亲爱的，我能不能吻你一下？”女的更不好意思，把头低得更低。男的再一次说了第三句话：“亲爱的，我能不能吻你一下？”这时，女的实在忍无可忍，一巴掌打过去，恶狠狠地说了一句：“心动不如行动，讨厌！”

用这样幽默方式结束行动成功学课程内容，不仅让大家开怀大笑，还能印象深刻。

那么，以下作为本节的最后结束语：

有人问球王贝利："在你所有踢进的球中，哪个踢得最好！"贝利巧妙地回答："下一个。"有人问导演张艺谋："哪部电影导演得最好？"回答是下一部。有人问宋祖英："哪首歌唱得最好？"回答是下一首。有人问我："哪堂课上得最好？"回答是下一堂！

第七章
授课技巧

本章主要概述了如何有效授课、植物大战僵尸案例启示、有效授课实际操作演练、授课方式。通过本章学习，掌握成年人培训必须有方法、有步骤、有技巧、有案例，还需要有理论，理论与实践有效结合。通过植物大战僵尸大众普遍都玩的案例解读培训授课技巧，再辅之行之有效的具体方法加以应用。

成年人学习注重实用，希望通过培训就能够解决实际问题，能够启发思维，从而为实际工作提供帮助，提升自身工作能力，提高工作效率。如果只是就理论讲理论，很难让学员满意。一般而言，层次越低，培训就需要越有针对性，更实用，更具有可操作；层次越高，思维性要求就高。当然，成年人培训都希望能够解决实际问题，也包括高层次培训，只是需求的方向不同。那么，怎样能够让培训课程来得更有效，一般来讲，需要掌握以下几个方面内容。

有方法

好的课程一定会告诉学员具体方法是什么，要达到的目的，要实现的目标，要提升的能力，简单说来就是学习回去之后有方法可以操作。比如，作为培训师，怎样才能让自己能够说起来，那就是需要不断练习。具体而言，练习方式包括镜子面前、朋友面前、举办个人讲座、到大学授课、试讲机会等，其中，镜子面前是一个非常实用的方法。学员回家之后，自己就可以用此操作方法。再比如，现在比较流行的一种电子游戏，叫植物大战僵尸，玩家玩到最高级、也最具挑战的是生存模式无限版。那么，如何才能把这个游戏玩好呢？通过网络搜索方式，有高手玩家就会教你如何能够才能玩得更好，具体方法很多，常用的有两种：八炮流和机枪流。

有步骤

好的方法，只是告诉你做的方式，但不知道该如何去做，怎么做。其实，这个社会上，具有丰富社会实践的培训师不多，能够指导进行归纳总结出实际可操作的实践步骤更不多。如果没有具体的实施步骤，很多方法还是很难实现，尤其对于一般学员来讲，回去之后还是不能用。

再以植物大战僵尸为例，为了玩好生存模式无限版游戏，上网查看了别人的玩法。有一个玩家，直接告诉用连续机枪流玩法，笔者感觉没有太大进步。后来又看到一种方法——八炮流的方法，玩家很详细地列出步骤，回来之后，笔者牛刀小试，进步明显。也就是说，只告诉学员最后一个结果，一种方法，而没有告诉具体步骤，还是没有可操作性，那么，这些方法还是无法用。

为什么很多培训课程，告诉学员很多工具和方法，到了具体工作却难以应用，道理就是没有具体步骤。

有技巧

当然，有方法，有步骤之后，还需要实施技巧。在实践中，总是会遇到各种各样的难题，也会遇到各种各样出乎意料的情况，如果不能妥善解决，往往会前功尽弃。此时，需要用一些技巧加以解决。很多老师也告诉学员一些方法，同时也教了具体步骤，回去之后还是觉得不好用，遇到关键问题时，又不会用了。当然，这与学员自身转化能力有关。但是，作为培训师，绝对不能怪学员口味挑剔，而应该考虑的是，怎样千方百计地满足其口味。

那么，作为培训师，需要告诉学员在实践过程中掌握的技巧，尤其自己在实践过程中，遇到问题的时候如何分析，如何应对，最后如何慢慢走向正轨。这些技巧是培训师长期实践总结出来，是实实在在的。那么，用心的学员，就会很快更上一个台阶。

有案例

当有方法、有步骤、有技巧之后，这些还都是培训师的知识和技能。学员来听课，关键是要转化为学员自身的知识和技能。为了能够巩固学习成果，让学员加快对课程理解，加快掌握课程内容，就需要通过案例。案例可以由老师讲解，建议更好的方式是学生自己操练，培训师只作为引导员，让学员亲自动手，经过反复实践、总结，最后再相互交流经验，这样的课程效果就会很好。

有理论

理论指导实践，也来源实践。理论不仅仅是过去专家的概括、书本上经典的知识，也可以通过培训师结合案例，通过深入浅出地分析内容，归纳总结出符合课程体系的观点。此时，这些观点和总结，必须基于案例本身，但又要高于案例自身，能够让学员恍然大悟，颇有收获。更主要的是，通过培训师总结，学员能够从案例自身感悟出更深刻的道理，明白这样做的根本依据。

案例："植物大战僵尸"启示

玩过植物大战僵尸游戏的玩家都清楚，无限版是最具挑战的，也是最具成就感的。那么，如何让自己能够玩好，就需要方法，以游戏植物大战僵尸为例来讲解。

具体方法

每个玩家都有自己的套路和玩法，各有利弊。一般而言，常用的有两种方法，一是八炮流，即以八个玉米大炮为主打；二是机枪流，即以机枪为主打。本节以八个玉米大炮为主打的方法进行讲解。可是，如何能够让自己真正掌握八炮流打法呢？

具体步骤

第一，开局。万事开头难，开好头就能为以后奠定基础。对于新手而言，关键问题是解决“经济”问题，也就是需要足够多的阳光。因为按照游戏规则，每多一个升级植物，造价就会增加 50 个阳光。这就必须把发展“经济”，即增加阳光量作为开局的第一关键。那么，明确目标之后，开局首要任务是发展“经济”。具体要求：一是要种尽量多的太阳花，这是开源；二是要节流，主要方式要用最“经济”、最快的方式布好局。为了节流，首先在商店里花 200 块卖锭把；其次，地雷流开局，也就是说如果买不到锭把，就在种三个太阳花的时候，看见僵尸出现，在该栏种下地雷（第一个地雷应种在两个太阳花之后），在种第六个太阳花的时候，种第二个地雷。

第二，布局。首先，围绕最经济的方式布局，基本原则是种下之后，千万不要再改动了。也就是说，种了之后，不要在后面觉得没有必要了，再铲除掉，这样很浪费太阳花。其次，种植物顺序，当用了两个地雷之后，就开始种双头向日葵，堵住水路进攻，之后堵住陆上进攻。再次，紧接着在水上双头向日葵前种满忧郁菇。最后，铲除太阳花，种植需要的植物，比如西瓜、玉米大炮等。在此过程一定要狂种向日葵。

第三，留局。为了能够长时间保持良好态势，务必有充足的阳光。有的时候可能会误操作，赶紧补足相应设备。如果没有足够阳光，就是空谈。一般而言，至少要保留 6000 个太阳花，才能保证在关键的时候应急之需。

具体技巧

游戏有很多技巧，方法很多。重要的几点：一是把握投放大炮节奏，每一波怪，分别用 2 发大炮，上路 1 发，下路 1 发，掌握好时间，不早不晚，不要多发，在有冰车的关，主要是冰车，车子一过第一格就发射，让其不能靠近地刺；二是充分用好大炮，注意观察冰车走向，当没有大炮，或者只有一栏大炮出现的时候，请用辣椒轰炸；三是一旦大炮没了，怎么办，用冰蘑菇，没冰怎么办，用樱桃，炸一侧，辣椒炸另一侧的边路，白菜放靠中间的地方，可以救一波，主要是为了不让僵尸靠近；四是掌握好最后一波，十分关键，在怪物声音出来时，用冰蘑菇冰冻所有怪物，可以极大减少水池中的设施损失，同时也是休养生息的好机会，最好留几个怪，延长时间，多收阳光。

个人感悟

人生即是游戏，游戏也能反映人生，从中可以得到一些启示：

人生需要规划和布局。很多时候，并不是自己技能水平有多高，关键是懂得选择，能优化配置资源，才能让自己走得更远。

人生在起步阶段，需要的是积累和积淀，关注的不是你拥有什么，不是工作条件的好坏，而是自己是否能够提升实力和能力，是否能够实现目标。就像游戏一样，开局的目标是尽可能多地积累阳光，并不在乎是否应用地雷这样的短期办法。

游戏可以重新再来，可人生没有太多机会让自己从头再来。因此，在自己不断总结经验的同时，不妨多学习，通过培训来提升水平。当你有方法、有步骤、有技巧地锻炼自己，相信一定能够快速提升自己的水平，提高竞争力。

如果游戏一开始就采取强攻方式，布置威力很强的武器，其实，你的游戏并不能走得很远。人生也是如此，一开始需要积淀，而不是风光无限。也许一开始看上去很好看、很英雄，随着时间推移，竞争对手和竞争环境越来越恶劣，积淀和技巧变得越加重要。反之，走到一定程度就无法继续了。为什么现实中，很多年轻人成功一时，却最后基本都是昙花一现，道理就在于一开始积淀不够，后面没有及时跟上。

开始的时候都是大同小异，后面根据每个人的特点，有很多方法和技巧，每个人都会总结出很多经验。

⋆ 有效授课实际操作演练

2008 年，某市卷烟市场出现了某十元价位品牌产品供不应求的状态，客户反应很强烈。为了更好稳定市场，该市烟草公司决定从 2008 年 5 月份起，上新品红塔山“经典 100”卷烟。

5 月份一天，客户经理小张根据客户拜访计划到辖区龙马路进行走访。决定向目标客户说明情况，并推荐新品——红塔山“经典 100”。

◇ 思考:

1．日常工作中，如何推荐新品卷烟?

2．如果你是小张，你将如何推荐“经典 100”红塔山?

新品推荐程序与方法

在卷烟品牌培育工作中，新品推荐始终是卷烟营销工作中的一项重要内容，也是品牌培育工作的重要基础。现阶段的新品推介主要通过客户经理渗透于日常的拜访工作中来进行。那么，作为客户经理，如何能够更为有效地推荐，抓住时机，需要系统方法，以更加规范、专业的方式，更好开展新品推荐。

然而，客户经理的新品推介水平直接影响到宣传效果。准确把握客户心理，适时抓住推介时机，是一门学问，更需要掌握方法。

步骤 1：了解产品。

新品推荐，要充分了解该产品的产地、包装、吸味、烟碱含量等各项指标，还要了解该品牌的寓意和富含的文化内涵，是否为全国重点品牌和知名品牌，该产品品牌具有哪些其他规格且在区域内销售情况，产品调拨价和零售价等。这样，才能提高零售客户和消费者对该品牌的认识，同时再根据该卷烟品牌定位，逢婚丧嫁娶、社会集会、节庆假日等，根据不同情况，向重点客户建议和推荐，提高新品推荐成功率。

获取产品信息的具体途径有

厂家产品推介手册和公司宣传材料。同时，可以通过厂家网站和各种媒体获取。比如，以红塔山“经典 100”为例。可以登录红塔集团网站：www.hongta.com，进入红塔山精品展示区，具体网址为 http：//www.hongta.com/model_ht/2007/product/htjp/htjp-jd100.jsp，其中就有十分详细的产品信息介绍。

红塔山“经典 100”产品介绍

来自“云烟之乡”——玉溪，拥有低纬度、高海拔、日照长、降水丰沛、微酸性红壤等得天独厚的烟草种植条件，是世界顶级烤烟的最著名产区之一。无法复制的地缘优势，注定了玉溪烟叶的天赋优质，造就红塔山“经典100”卓越品质。

世界清香型烤烟名种“红花大金元”香气质好、柔和细腻；“K326”香气饱满、吸味纯净。红塔山“经典100”以两大烤烟名种为主原料，集两者优点于一身，凝练出清香优雅、醇和润泽的舒适口感，成就中国清香型卷烟的经典代表。

烟草天然原香清香型经典代表，秉承红塔五十年精湛制烟技术与经验，充分发挥玉溪优质烟叶丰富自然的香气特质，以不同生态环境自然烟香为互补，最大限度避免外加香料干扰烟叶天然香韵，创造性突出纯正烟草原香，诠释返璞归真的好烟内涵。

步骤**2**：熟悉公司相关政策。

一是要熟悉公司对整个品牌的中长期规划。比如，哪些是长期发展培育的主销品牌；哪些是近期重点培育的潜力品牌；等等，只有了解了烟草公司的品牌培育方案，掌握了方案的详细内容以后，客户经理在执行品牌培育工作时，就有章可循了。

二是产品投放范围和激励措施。这涉及品牌培育的针对性，是所有的品牌投放所有的客户，还是部分品牌投放部分客户？这就说在实施此项工作之前，要根据品牌产品培育的相关要求，确定好目标客户，然后才能去执行品牌培育方案。一般而言，新品上市都有一定的促销措施，一定要对促销措施实施范围和奖励办法了如指掌，一是便于向针对性客户进行推荐；二是通过有效激励措施促使新品上柜。

步骤**3**：熟悉客户情况。

要对零售客户不进新品的原因有一个了解。那么，零售客户一般不进新品牌的主要原因，在哪些情况下容易抵触进新品，具体有以下原因：

上一次新品上市后，库存积压大，至今没有卖完；

同价位的品种好卖，怕影响销售；

客户性格内向，怕冒风险。

步骤**4**：掌握推荐时机与方法。

当然在新烟推介之前，必须先了解新烟的各项特征，而在品牌推介过程中，抓住时机就显得尤为重要。

时机一：同系列。

红塔集团在2005年推出红塔山“经典1956”，从而实现了快速恢复性增长，赢得消费者、零售户的信任，后来推出红塔山“经典100”新品，客户经理完全可以通过“经典1956”的影响力和市场欢迎程度来推荐新品红塔山“经典100”。同系列推荐避免了客户对于新烟的生疏感，由于强调了新烟是以往成功品牌系列的衍生产品，客户较容易接受，成功率较高。

时机二：单量不足。

客户订购卷烟时出现单量不足的情况屡有出现。客户单量不足，但在订单过程中经常会希望添加增补以至订满单，这时若有新烟上市，客户经理就可以简单介绍下几款新烟。介绍时要注意顺序，可以根据客户刚才订购卷烟的价位特点及品牌特点，对新烟作相应的选择，把比较符合客户选购特点的卷烟放在前面说；如果客户的选购特点不明显或者接受新烟能力较强，那么就可以主动询问以便作调整。

当订单量不足时，迎合客户心理，丰富卷烟品种，作针对性推介，同时达到减少客户订单时间，有的放矢。

时机三：同价位。

当客户遇到所需品牌断货或者限量不能满足客户初始需求时，若新烟处于相近价位，可作相应推介。客户经理应强调新烟的价位，鼓励客户尝试培育新品种卷烟，拓展销售宽度。

同价位推荐，作为货源策略的相应补充，客户较易接受，且可以解决客户燃眉之需，一举两得。

* 授课方式

授课方式很多，为了表达一个内容，讲述一个概念，说明一个问题，可以通过很多种方式进行阐述。

图　表

量化的数据图表是说明观点的基础工作，而且能够让学员一目了然，容易记住。比如，在进行比较的时候，实施前后数据进行对比，从而让学员一目了然。

表 7-1　新世纪以来中国烟草发展变化

	2000 年	2009 年		2000 年	2009 年
工商税利	1112.1 亿元	5248.05 亿元	全国卷烟平均焦油量	16.1 毫克 / 支	到 12.2 毫克 / 支
全国卷烟工业企业	146 家	30 家	工业企业人均劳动生产率	145.5 箱	435.5 箱
前 10 家企业生产集中度	32.1%	62.2%	单箱卷烟耗用烟叶	39 公斤	35.5 公斤
卷烟品牌	1181 个	138 个	单箱生产成本占销售收入	43%	30%

续　表

	2000 年	2009 年		2000 年	2009 年
卷烟品牌前 10 个品牌集中度	15.0%	41.8%	单箱制造费用	215 元	158 元
省际卷烟交易量	900 万箱	2221.8 万	卷烟流通企业人均销量	127.2 箱	284.3 箱
占国内市场总销量的比重	26.5%	49.2%			

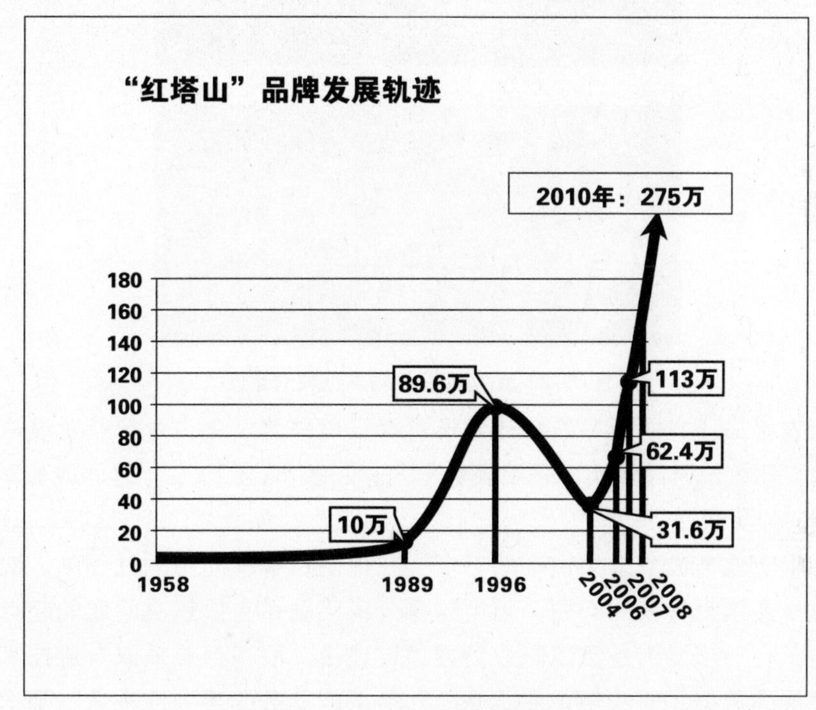

图 7–1　"红塔山"品牌发展轨迹

进入 21 世纪以来，中国烟草发展发生了巨大变化。2000–2009 年，全行业实现工商税利由 1112.1 亿元增加到 5248.05 亿元，年均增长 18.5%；烟叶生产连续 12 年保持稳定发展，生产水平明显提高，质量取得明显进步；全国卷烟工业企业由 146 家减少到 30 家，前 10 家企业生产集中度由 32.1% 提高到 62.2%；卷烟品牌由 1181 个减少到 138 个，前 10 个品牌集中度由 15.0% 提高到 41.8%；省际卷烟交易量由 900 万箱增加到 2221 万箱，占国内市场总销量的比重由 26.5% 提高到 49.2%；全国卷烟平均焦油量由 16.1 毫克／支降低到 12.2 毫克／支；工业企业人均劳动生产率由 145.5 箱提高到 435.5 箱；单箱卷烟耗用烟叶由 39 公斤降低到 35.5 公斤，单箱生产成本占销售收入比重由 43% 降低到 30%，单箱制造费用由 215 元降低到 158 元，卷烟流通企业人均销量由 127.2 箱提高到 284.3 箱。

图 7-2　正常烟梗与烤焦烟梗对比图

如果用直接描述方式，可能会让学员听得云里来雾里去，对行业发展总体印象还是十分模糊。那么，通过转换，采用表格方式，2000 年与 2009 年之间成长对比，容易让学员了解，详见表 7-1。

在工作中应该养成拿结果说话的习惯。在说明和解释问题的过程中，数据的准确性和充分性是最值得考量的问题，因为这是分析问题和有效解决问题的起点。笔者在日常工作中，有一项培训是员工职业发展通道建设。很多企业采取专业技术职称作为员工职业发展的依据，而我们企业不是，而是采取业务的重要性来做。那么，为什么不采取专业技术支持来做的理由是：员工职业通道建设的目的是让员工除了通常的行政通道之外，还有专业通道成长，可是，现实中，高级专业技术职称人员 90% 都是具有职务的管理人员，一旦采取这种方式去做，从而又形成了为管理人员谋利益的途径，违背职业发展通道建设的初衷。

数字不仅能够充分地展现你的工作成果，也反映出你对工作进程和工作结果的有效管控。因此在汇报的过程中，努力将能反映工作情况的数据有一个准确的了解后再去做汇报，以防止领导在提问的时候，讲出“大概”、“差不多”、“可能是”、“应该”这样的字眼，使得印象分大减。数据就是细节，不关注细节，就不可能将工作做到完美。比如，在说明红塔山品牌如何从低谷走向辉煌，如何实现跨越式发展，也许要用很多文字才能说得明白，但你不如用一个图画，并进行轨迹演示，就能说明一切了。

在《烟草企业培训师培训》课程中，有一个学员讲解《消除梗烤机烟梗烤焦现象》课程中，学员首先给大家看一张图片，其中一张是正常烟梗，另外一张是烤焦烟梗图片。通过图片对比，此时，学员很容易就会集中精神看图片了。

对　比

通过对比，产生强烈的感染力，从而增强培训效果。比如，以上例《消除梗烤机烟梗烤焦现象》课程中，两张图片对比，让学员思考问题，并提出："这两张图片中，大家觉得哪张是烤焦烟梗图片，哪张是正常烟梗图片？"通过对比提问，引导学员思考问题。

比如，在笔者给新员工讲授《职业生涯规划与管理》课程中提到内容：追求上进是我们民族的优良传统，但我们新一代太追求上进，希望进入企业一年、两年，甚至是一天、两天就想成为CEO、CFO，不愿意静心做事，只想一夜成名；不愿意基层锻炼，只想高位显赫。可结果呢？没有专长，基础不牢；没有阅历，偏见高傲。于是，三天打鱼两天晒网，挑三拣四，这山看着那山高。

在讲授《应用心理学》中同一感受器接受不同刺激而使感受性发生变化的现象时，视觉中对比是很明显的，在视觉范围内为明度对比（黑白对比）和色调对比。对比又可分为同时对比和继时对比。如将左、右手分别放在冷水和热水中，再同时放在温水中，两手的感觉会不一样。这叫同时对比；如先吃糖，再吃苹果，会感觉到苹果酸，这叫继时对比。

调查问卷（A）

1．近一年来，你参加过几次培训？

A．没有　　B．一次　　C．两次　　D．三次以上

2．所参加的培训是否都是部门安排的？

A．是　　B．否

3．假如部门领导没有安排，你会主动申请培训吗？

A．是　　B．否

4. 所参加培训是否有过不是部门安排却是牺牲自己休息时间（比如晚上、周末）的经历？

A. 是　　　B. 否

5. 是否有过自己出钱参加培训或者买培训光盘听课？

A. 是　　　B. 否

6. 你觉得培训对一个人职业成长重要吗？

A. 很重要　　B. 重要　　C. 一般重要　　D. 不重要

调查问卷（B）

1. 近一年来，你去过几次 KTV 唱歌？

A. 没有　　B. 一次　　C. 两次　　D. 三次以上

2. 是否愿意自己掏腰包请别人唱歌吗？

A. 是　　　B. 否

3. 是否愿意牺牲休息时间（比如晚上、周末等）去唱歌？

A. 是　　　B. 否

4. 是否愿意自己主动邀约他人一起唱歌？

A. 是　　　B. 否

5. 你觉得唱歌对一个人职业成长重要吗？

A. 很重要　　B. 重要　　C. 一般重要　　D. 不重要

◇ 思考：请问自己也是这么的吗？

____

____

____

巧妙设计对比方式，可以产生意想不到的效果。尤其对于问卷设计，让学员感受到，原来自己也是这样的。

大家自己做完两张问卷调查之后，培训师自己不用多说就能够明白，原来日常生活中，自己觉得重要的事情却没有花费时间和金钱，而那些不重要的事情却愿意牺牲自己的时间和金钱。

幽　默

培训的最终目的是为了使学员能够准确、高效地完成工作。轻松的工作气氛有助于达到这种效果。幽默可以使工作气氛变得轻松，在一些令人尴尬的场合，恰当的幽默也可以使气氛顿时变得轻松起来。可以利用幽默批评下属，这样不会使下属感到难堪。

幽默是好的授课老师不可缺少的方法，适当地运用幽默能使人感到亲切。有人说，要看授课内容，有些课程很难能够幽默。笔者以为，这未必。其实，任何课程都能够幽默进行，就看课程怎么设计。幽默也不是天生的，幽默是可以培养的。再呆板的人，只要自己努力都可以逐渐变得幽默起来。美国前总统里根以前也不是幽默的人，在竞选总统时，别人给他提出了意见。于是，他采用了最笨的办法使自己幽默起来：每天背一篇幽默故事。

幽默故事无处不在，在书本中，在现实中，在生活中，只要用心收集，恰当使用，能够让你的课程润色不少。以下是日常工作、生活中活生生的幽默故事，可以在很多场合可以应用。

甲："你年薪多少？"

乙："240 万；"

甲："那一个月有 20 万哦！"

乙："是的，这是基本工资。"

甲："不错嘛，做什么的？"

乙："做梦的……"

这是笔者经常与年轻人沟通的案例，也是在笑话中让大家思考一个问题，那就是梦想与现实总是存在差距，如果梦想太遥远，或者太过于宏伟，最后除了做梦之外，那就是让别人当成笑料了。

有这样一对夫妻，在新婚燕尔，新娘就问新郎："假如有一天，我要是变成疯子了，你还爱我吗？"新郎斩钉截铁地说："爱，当然爱你啦！"新娘略有所思了一会儿，很忧愁地说："你果然爱的是我的外表！"

这个故事，说明了什么？站在不同角度看问题，得出的结果是截然不同的。有的人认为，这样的老公是真心的，却有的人认为是另外一个含义，那就是虚情假意，注重美貌，不是内在美。也就是说，这位美女新娘是这么想的，假如我没有内在美了，只有一个美丽的外壳，你居然还爱我！这似乎也很符合逻辑哦！

但站在男人角度来讲，如果女人这样分析问题，怎么回答都是错的。毕竟，任何问题都可以从不同角度解释。

举 例

举例是有效控场的方式，很多时候，与其讲授 N 个概念，不如举一个案例。如果授课过于理论，没有例子支撑，学员不容易理解，除了很难接受知识外，主要是与成年人学员意愿相背离，不实用，不实际，远离工作，很难得到好评的。那么，举例就是一种好的方式，通过例子说明问题，通过例子加深对理论的理解。其实，很多时候，学员也许记不住具体的理论是什么，但往往记住例子和故事。同时，通过例子的生动性，加深对理论的理解，从而才能更好地记住理论知识。

举例时最好是举身边的故事和事例，这样更容易理解，也更容易与学员共鸣。比如，华中科技大学校长李培根给 2010 届毕业生演讲："我记得你们的自行车和热水瓶常常被偷，记得你们为抢占座位而付出的艰辛；记得你们在寒冷的冬天手脚冰凉，记得你们在炎热的夏季彻夜难眠；记得食堂常常让你们生气，我当然更记得自己说过的话：'我们绝不赚学生一分钱'，也记得你们对此言并不满意；但愿华中科大尤其要有关于校园丑陋的记忆。只要我们共同记忆那些丑陋，总有一天，我们能将丑陋转化成美丽。"

培训案例与故事，具体参考培训故事章节的详细描述。

激 励

成人学习需要不断激励，要不断鼓励学员参与，激励他们表现自己。只有充分调动学员积极性，大家才能全神贯注，才能全身心投入学习。那么，怎样才能让学员保持高效率、高投入学习呢?

第一，培训师自己要懂得激励自己。在讲课前，不妨激励自己："我喜欢学员，我会讲好课，我将尽力把最好的奉献给他们！"同时，在进入状态前，可以深呼吸一下，照一下镜子，让自己保持热情和渴望，用微笑迎接课堂的每位学员，并且保持始终。

第二，及时对学员的积极反应予以反馈。当你发现学员对你的知识讲解表示认同，你就用兴奋的眼光表示感谢。当你发现学员对你的回答积极，当回答正确的时候，积极表示肯定，比如，回答很好、太对了、很有角度等。此时，你可以积极调动大家对肯定回答的学员表示认同，比如说："让我们用掌声感谢这位学员精彩的回答！"当然，及时反馈激励要选准时机，注意对象，把握分寸。

第三，通过竞争激励。人具有群体性，当你把每个小组作为团队的时候，可以让他们以竞争的方式参与到学习当中。适当的压力可以提高学习效率，小组形式就是形成竞争环境的最好体现。对于小组成员积极表现，就应该在小组成绩中加以体现，从而让个人表现价值最大化。

第四，适当的物质奖励。虽然物质不是最终目的，人都对别人认可自己感到骄傲。尤其能够通过量化的方式。笔者就经常采取不同量化方式，比如，较难的时候，大家冷场的时候没有人回答，一旦有人回答出来，就给予相对较大的物质奖励。如果是简单的提问，可以相对较小的奖励。这样，大家可以通过直观的方式，感受到自己回答问题的价值和重要程度。

第八章
常用授课方法

本章主要概述了游戏设计、角色扮演式游戏、课程抢答方式设计、案例研究游戏设计、什么时候适用。通过本章学习，掌握基本授课方法，并通过具体案例设计不同游戏，提出游戏在合适的时候加以灵活应用，可以丰富授课方式，提高培训质量。

授课方法很多，常用的有讲座、案例分析、研讨会、游戏、视频、角色扮演等，不同的方法，效果不同，见表 8–1。

表 8–1　不同授课方法与效果

方　法	知识的获得	态度的改变	解决问题的技能	人际关系的处理技能	学员的接受能力	知识的记忆
案例研究	4	5	1	5	1	4
研讨会	1	3	4	4	5	2
讲　座	8	7	7	8	7	3
游　戏	5	4	2	3	2	7
电　影	6	6	8	6	4	5
计划授课	3	8	6	7	8	1
角色扮演	2	2	3	1	3	6
“T”小组	7	1	5	2	6	8

方法按教学目标排序（1= 效果好，8= 效果差）

摘自 J.Newstrom 的《培训方法有效性评估》

从知识获得角度来看，多采用研讨会和角色扮演的方法。从态度改变来看，“T”小组方法效果明显。从解决问题的技能来看，多采用案例研究和游戏方法，角色扮演也是不错的选择。从人际关系的处理技能来看，多采用角色扮演和“T”小组方法，也可以采用游戏方式。从学员的接受能力来看，多采用案例研究和游戏方式。从知识的记忆来看，计划授课和研讨会较好。

对于培训师而言，关键是结合自己的特点和授课内容安排授课方式，总体而言，课程内容是主线，授课方法和技巧是辅线。但是，授课方法一般而言，不能太过于单一，应结合内容和学员实际情况加以灵活运用。下面介绍几种授课方法的设计与运用。

* 游戏设计

游戏要巧妙设计，不能为了游戏而游戏。好的游戏可以充分调动学员参与练习的积极性，而调动学员积极性正是成人教育的一条基本原则。

知识点游戏设计

也就是说，某个知识点，讲到特性、功能、影响因素等，都可以以游戏的方式进行授课。当笔者讲授到烟草具有哪些作用的时候，完全可以以游戏的方式进行。

活动主题：请写出烟草有哪些作用

活动过程：

（1）每个小组请一位学员上台在黑板上写，其他同学在纸上写。

（2）先给学员一定的时间，看能写多少个。

（3）给出明确的目标：至少写出10个（具体个数根据现场学员情况可再调整），再给学员一定时间，看还能写出多少个。

通过此种互动方式，促动学员思考，启发大家学习，从而达到培训目标。

体验式游戏设计

对于烟草行业竞争格局，笔者讲授到烟草行业市场是适度竞争，只能营造公平的竞争环境，而很难建立公平竞争环境。如果只是提一下内容，大家可能感受不够深刻。以下内容可以以举例方式进行讲授，也可以以游戏方式让学员参与。

游戏主题：这个烟真没有（根据春晚小品“不差钱”改编）

游戏内容：

本文纯属虚构，如有雷同，请勿对号入座。

零售户赵某决定到烟草公司订烟，打电话到烟草公司客户服务部门咨询。

烟草公司客户服务部：“你好，这里是××烟草公司服务部。”

赵某：“你好，我想订三条红梅，有吗？”

烟草公司客户服务部：“对不起，没有。”

赵某：“我想订两条玉溪，有吗？”

烟草公司客户服务部：“对不起，没有。”

赵某：“红塔山品牌现在最好卖，我想订五条，有吗？”

烟草公司客户服务部：“没有。”

赵某：“这个可以有。”

烟草公司客户服务部：“这个真没有。”

赵某发牢骚：“这没有，那没有，那你们到底有什么？”

烟草公司客户服务部：“有没有，你心里不是有数吗？”

赵某最后生气地说："你们这里到底有什么烟？"

烟草公司客户服务部："大爷，我们这里只有本地烟！"

游戏设计：

挑选两位学员，一位代表零售户赵某，另外一位代表烟草公司客户服务部工作人员。

每个人按照自己的角色内容先了解，然后自由表演。

◇ 通过两位对白的方式，游戏结束后，请大家从中谈谈其中的原因。

当大家在很熟悉的游戏互动氛围中，淡然一笑，从中感悟和体会得更加深刻。

体验角色游戏设计

角色转换，让学员相互参与到游戏中，从中体会酸甜苦辣，也是授课的好方法。

体验角色简介：

小：小陈二十二岁，一名刚毕业的女大学生，初入职场。

客：男零售户一名。

扮演过程

小：喂，您好！××烟草为您服务。请问您今天需要订什么烟?

客：喂，喂，喂！！哎呀，这信号不好。

小：喂，您好。请问您需要订什么烟?

客：呃，你是刘小姐吧?

小：对不起，不是，请问您需要订什么烟?

客：哦，你不是刘小姐，那一定是马小姐啦！喂，马小姐呀。我是那个华仔呢。是这样的，我需要十条软沉香石狮烟。

小：对不起，咱们公司订货是限量的。您今天最多订三条。

客：三条啊。那太少啦。呃，马小姐啊……

小：不好意思，我们公司没有马小姐，请您称我为订货员吧。希望您能考虑好，限量订购是咱们公司的统一规定。

客：好好好，考虑考虑哦。呃，马小姐是……不是马小姐。是这样的，小姐，你把你的名字告诉我。等你下班后，我请你去吃海鲜。至于好处，少不了你的。啊哈哈哈……

小：请您尊重点，我们是在谈生意。不是闲聊。

客：哎哟。你还教训我啊。你算个什么啊，一个小职员。你还想要饭碗吧？看我怎么投诉你！呸！（挂断电话）

小：你……

（小陈既生气又害怕，只好哭起来。同事们都围了上来。）

同事：怎么啦，小陈。怎么啦？

（在小陈和客户对话时，同事们已在关注她）

……

◇ 思考：

你们对此场景有何感想？

你是如何看待小陈对客户的处理方式？

如果你是小陈的同事，你将怎样协助小陈？

____

____

____

角色扮演式游戏

角色扮演可以增添行为训练的真实感（比如适应多样性的训练，搞好客户关系、商务礼仪的训练等）。角色扮演长久以来被用于营销技巧训练，然而开展此类活动要有一定的专门知识，有些学员很不适应。但是，它确实是仅次于真实情景培训的好办法。当参与者体会到被愤怒的顾客猛烈指责时的痛苦，或者购货时遭到歧视难受，他一定会受益匪浅。同样，当对自己不专业的表现感到羞愧的时候，就达到了培训的效果。同时，培训师还需要注意观察大家的表现，并对现场独特的角度进行评论，更能让学员受到启发。

笔者给一个企业营销人员做培训，在上课过程中，进行一个简单的营销知识互动游戏，要求就是按照平常营销人员如何做好营销，如何接待客户进行演示。

上台的是一男一女营销人员。

首先男的扮演企业营销人员，女的扮演来采购的客户。

当一阵寒暄之后，客户就问营销人员："我来采购你公司 ×× 产品，能不能介绍一下。"

这是最基本的问题，也是日程接待客户经常回答的问题。

没有想到的是，营销人员支支吾吾半天，说不出任何实质内容。

在此过程中，看到表演的营销人员的表现，其他人都在笑。

于是，笔者要求互换角色，让女的扮演企业营销人员，男的扮演来采购的客户。

同样，当客户要求介绍产品时，营销人员支吾半天，居然这么回答："这是我们企业产品说明书，你自己看。如果有问题，再问我。"

其他参训学员听后哄然大笑。

游戏互动结束，笔者是这样点评的："各位学员，刚才看到我们学员的表演。我想问一句，对于刚才表演的学员，大家满意吗？"

下面基本还是在笑。

笔者接着说："也许大家以前没有类似专业培训，更没有类似这种上场表演。大家一上来，可能变得紧张，把日常很多知识忘得一干二净了。但是，我想说的是，刚才两位学员在表演过程中，不知大家在笑什么？像这种表现，大家能笑得出来吗？如果刚才恰巧是一个大客户来了解情况，以刚才的表现，能是怎样的结果呢？我想，结果绝对是失败的，除非是特忠诚的客户。"

当学员听到这里，马上就不再笑了。

笔者紧接着问："各位，我请教一个问题，作为营销人员，你够专业吗？一个连自己想要推销的产品，基本类型、特点都不了解，自己企业的历史、品牌、获得荣誉都不了解，真不知这样的营销人员的专业性何从谈起。有人可能会说，因为太紧张了。我的回答是，不排除这个可能，但这不是绝定因素，而决定因素是根本没有往心里想！"

可是，现实中，有多少人在自己的岗位真正能够做到专业呢？

你了解自己的岗位职责吗？

你了解自己的产品和服务内容吗？

作为烟草客户经理，也问一句，自己够专业吗？

* 课程抢答方式设计

抢答学习，可以营造课堂气氛，调动大家的学习积极性。

在电视台上，有专门的抢答器。可课堂上，除非专门买来，一般是没有的。

可以用手机发送信息方式，但这种方式无法排除先发送信息。可以经过学员同意，选取第二个方式。这种概率大家都差不多。

如果场地允许，可以通过游戏方式，决定哪个小组活动优先回答问题的机会。

比如，大家闭眼，默数时间。谁最靠近，谁就获得优先回答机会。

比如，做一个两个人的游戏，背靠背，看谁最先到达预定地点。

比如，做计算题，获胜一方获得下一次抢先回答的机会。

笔者在讲授烟草行业高端品牌竞争格局时，以提问的方式让学员抢答，效果很好。很多时候，一个好的提问远比讲授效果好得多。如果只是讲现在高端品牌有中华、玉溪、黄鹤楼、芙蓉王等品牌，可能学员印象不够深刻。如果以提问方式问，比如“华溪楼王”具体是哪些品牌？然后以抢答的方式进行竞争，学员通过思考、描述加深印象，从体验中发掘潜能的快乐。比如，讲述知识点，一定要通过多种方式来挖掘学生潜能。

* 案例研究游戏设计

案例分析，与 MBA 案例教学里采用的方法类似。主要由于这种操练能反映实际的经营活动情况，故被广泛用做训练工具。一般来讲，培训师预先都有收集好或者编写好的材料，选用的案例最好是当前急需解决的管理难题，并紧扣培训内容。每天的经济新闻里充斥着这样的案例。比如，笔者给企业质量管理人员进行质量意识培训的时候，采取以下案例，并进行案例全景分析。

来源：网络媒体。

主题：产品质量管理

内容：如下

质量意识的滋养

——三鹿集团加强质量管理工作纪实

从50年前的45名社员组成的一个名不见经传的乳业合作社起家，由32头奶牛、170只奶羊发展成为今天全国知名的集奶牛饲养、乳品加工、销售、科研开发为一体的大型乳业集团，率先生产母乳化奶粉（婴幼儿配方奶粉），率先创造并推广“奶牛下乡，牛奶进城”奶源基地建设模式，率先在业内实施品牌运营及集团化战略运作。

这些，三鹿集团都做到了。

在很多人看来，三鹿无疑是成功的。是什么成就了三鹿的成功之路？

“一把染料”赢得信誉

时至今日，“一把染料的故事”仍然在整个乳品行业中传为美谈。

那是几年前的一个仲夏，三鹿负责收奶的员工柴艳芳像以往一样，随公司车队拉着检测设备来到离石家庄市不远的一个奶站，所有的奶已经挤好，送奶的农民都希望自己送的牛奶会通过检测，两个小时过去了，奶站上只剩下一吨没有通过检测的牛奶，农民们苦苦恳求能够收下不合格的奶，哪怕价格便宜些。

“但是我知道，这是昨天没有通过检验的牛奶被加上今天的新牛奶稀释后的牛奶，如果今天不收走这些奶，明天他们还会将新的牛奶加在这些不合格的牛奶中。”柴艳芳回忆说，按照三鹿领导的指示，柴艳芳答应收了这些奶，但是，她收购之后将早已准备好的红色食用色素向这些奶桶中撒去。

“白色的牛奶霎时变成了血红，我流下了眼泪，在场的奶农也流下了眼泪。公司虽然经济上受到一定损失，但我们赢得了奶农的心，也赢得了三鹿的信誉。”

从此，三鹿抓质量有铁一样的纪律在全体员工心中扎根。

质量是三鹿安身立命之本。作为食品企业，其产品质量不单是一个合格的概念，也不仅仅是一个卫生的概念，而是事关消费者的食物营养与安全的问题。

多年来，三鹿集团坚持“以质量为生命、以质量求生存、以质量求声誉、以质量创名牌、以质量求发展”的方针，并把它转变为各级决策者、管理者和每个职工的实际行动。

三鹿决策层始终坚持：不抓质量今天有饭吃，抓了质量明天有饭吃；不重视质量的员工不是好员工，不重视质量的领导不是好领导，不重视质量的员工不能当管理者。

拣黄豆的故事

几年前发生在三鹿的一个拣黄豆的故事验证了三鹿人的质量意识。

当时，三鹿自主研制的断奶食品——乳儿粉，配方中需用膨化的黄豆。而黄豆在那时是统购统销物资，经申请市政府才批给10吨黄豆。

这批黄豆购进后，发现里边有沙、石。三鹿集团董事长田文华到现场看了后说，这样的原材料不能用，用了会影响产品质量的。在那个年代好不容易弄来的粮食怎么能退货呢，怎么办?

于是，田文华决定发动全体科室人员拣黄豆。总经理办公室和党委办公室组织全体科室人员，包括经理、副经理，一人不漏，按人头分任务，定时间、定质量。“许多同志加班加点，早来晚走，用了3天时间，终于将这10吨黄豆拣干净了，圆满完成了任务。”

拣黄豆虽然简单，但支配这一行动的思想的形成非一朝一夕。三鹿人正是在不断的实践中深深懂得，利润最大化源于市场，市场源于消费者的认知度、忠诚度，忠诚源于质量，质量源于质量意识。

基于这一认识，公司在全集团经常性地开展学习贯彻《食品卫生法》、《产品质量法》、《质量振兴纲要》等有关法规的活动。建立了学习制度，规定了学习内容，采取自学、集中学、专业培训、岗位练兵等方法进行全员学习，使全体员工认识到：“企业要生存，要发展壮大，只有抓好产品质量。”

在强化质量意识的学习教育活动中，对员工不是简单生硬地提出“视产品品质为人品”等上纲上线的话，而是以换位思考等方式入情入理地开展职业道德教育；向员工不是简单地提出“视用户为上帝”，而是鲜明提出：假若自己生产的产品是自己食用，你放心吗？这样“把消费者当亲人，为亲人的健康负责”成为发自员工心底的声音，成为全体员工的自觉行动。

为保证质量，公司曾将不合格的鲜奶全部销毁。这里边也有一个小故事。

1990年3月，三鹿生产的几批婴儿配方奶粉杂质度总是偏高。质检、生产、企管、供销等多部门开会研究，查找原因。最后一致认为，近期从美国进口的乳清粉杂质度高是主要原因。采购人员一方面通过进口商进行索赔，一方面尽快采购质量高的乳清粉，投入生产。

这样，公司将从美国购进但经检验不合格的200多吨乳精粉弃之不用，却从国内以每吨高出进口价1029元的价格重新购进以解燃眉之急，这样一来，直接损失20多万元。

“对此，全体员工没有丝毫怨言，他们知道，只有这样三鹿的产品才能精益求精，三鹿才能不断地从胜利走向新的胜利。”

四不放过和一票否决

至今，10 年前发生的一件事仍令许多三鹿人记忆犹新。

1998 年，降糖奶粉正式批量生产。头几天生产的产品细菌总数总是超标，经过反复查找原因，原来是采购来的原料（可可粉）细菌超标。再细究责任，发现有关部门采购原料违反了 ISO9000 规定，供方不是原确定的发包方，由于时间紧化验室认为有合格证，就没有做进厂检验，生产单位没有原材料检验单就投料生产。

依据操作规定，公司考核委员会扣发了主管供应、主管质检、主管生产的领导及相关责任人当月的奖金。

这事正是公司“一票否决”原则的体现。

所谓“一票否决”，就是指凡在产品质量或工艺操作中弄虚作假的员工，一经发现，新员工解除劳动合同，老员工降级，管理者降职或解除聘任。质量一旦出了事故，不但全部没有奖金，而且当日的工资也没有了。并且，为了将坏事转为好事，公司将每一质量事故作为一次活生生的质量教育课，借以提高大家的思想认识与业务水平。

除了“一票否决”原则，多年来公司围绕质量管理形成了一系列不成文的规定，即：“二不是、三不准、四优先”。

“二不是”——不重视质量的员工不是好员工，不重视质量的领导不是好领导。

“三不准”——不重视质量的员工不准当管理者，不重视产品质量的员工不准安排子女在三鹿就业，不重视产品质量的员工不准评模评先。

“四优先”——对提高产品质量作出特殊贡献的员工，优先分房、优先升级、优先评功评模、优先安排旅游。

同时，公司设立了技术小组，进行巡回指导检查。集团抽调经验丰富的技术人员组成巡回指导小组，对集团各企业进行定期抽查、监督，传授技术，解决生产中出现的问题，从而保证各联合企业的产品始终处于受控状态。

此外，集团管理部、技术质量部与工会主动联手成立了奶制品质量技术培训中心，依靠专业技术人员和聘请专家、教授，进驻中心对员工进行培训，成为抓好质量、培训人才的基地。以合格一个推荐一个，接受一个，使用一个的原则，把这些人分到主要岗位，担任质量审核员、管理者。

正是基于严格的质量管理，公司先后通过了 ISO9001 质量管理体系、ISO14001 环境管理体系、HACCP 食品质量安全管理体系认证和 GMP（良好作业规范）审核。

摘自《中国质量报》2008 年 3 月 6 日

分析角度来源：

网络论坛，并进行归纳总结（很多时候，培训师不可能样样都懂，样样都通，更不可能考虑问题很全面。这个时候，可以借助论坛等资料，给予启发，从而整理而成。那么，你考虑问题就较为周到，而且能够提出意想不到的观点，让学员刮目相看）。

印制：每人一份。

◇ 讨论要点：结合自己工作，谈谈你的想法。

◇ 讨论步骤：

每人发放一份；

阅读 15 分钟，并写下心得；

小组讨论 15 分钟，总结归纳主要观点；

派代表上台分享；

培训师对发现的独特观点进行记录和归纳；

培训师评论学员观点，对很有独特视角的观点给予及时表扬；

培训师从不同角度补充观点。

◇ 归纳总结并进行评论：

三鹿倒了，双汇又开始“瘦肉精事件”，笔者不禁会问：“大企业都怎么了？”这些质量事故前赴后继发生，是市场系统问题，还是我们价值观问题，笔者不禁有了以下思考，仅供参考。

（1）一个灰色的幽默：因为质量意识已经简单到大家都忽视的地步了。

（2）馅饼就是陷阱，在机会面前，尤其市场容量不断扩大，面临原料无法满足市场时，该如何决策?

（3）企业灭亡规律：标准要求，一开始是 100 分，之后是 60 分，再之后 30 分，最后 0 分。很多企业开始的时候都高标准要求，随着企业发展，慢慢忽略了，不是不能坚持，就是没有与时俱进。特别是在更大利益或者暴利面前，往往忘记了做企业的起点是什么，目的是什么？结果品牌起来了，品质下去了，最后品牌也倒了。看看我们很多酒店、饭馆，从兴旺到倒闭，基本都是如此。现在，双汇集团又开始出现同样的问题。

至此，重新感悟张瑞敏的那句话：什么叫不简单，就是把简单的事情坚持做好就叫不简单。如何才能坚持，尤其长期坚持，需要良好的企业文化和高瞻远瞩的企业家，二者并不可分。

其实个人也是如此，年轻的时候激情四射，高标准要求自己，之后呢？慢慢懈怠，之后更是自我放弃了。

(4) 挂羊头卖狗肉的现象是不是经常有。我们在嘲笑三鹿的时候，是否应该嘲笑一下我们自己。看看自己企业内部的各种制度和程序文件，是否存在文过饰非，阳奉阴违。

(5) 冰冻三尺非一日之寒，病入膏肓非一时之痛。当一个企业从辉煌走向灭亡，绝不仅仅是一个人所能左右，一般都是系统出问题。企业内部从上到下，从里到外，滋生了整个肌体败坏。三鹿的结局，只是乳业其中一个，它只比别人多加了、狠加了一点三聚氰氨，就把自己推向了风口浪尖。也就是说，企业价值观如果没有底线的时候，就已经预示着只有一条路可走了，那就是灭亡！

(6) 制度都是滞后的，再完整的管理体系，没有规范执行，也就形同虚设；没有很好的价值观做支撑，很难长期坚持。改革开放 30 多年，经济在发展，物质在丰富，可一些人的价值观在扭曲，丧失了良知，最后丧失了自己。

(7) 再反问一句，是不是质量越高越好。朱兰博士说过：“质量是一种适用性，而所谓适用性(Fitness for use)是指使产品在使用期间能满足使用者的需求。”当周边产品都是淤泥的时候，真的会有出淤泥而不染的产品吗？很多时候，是环境迫使企业走进死胡同。

(8) 当我们把三鹿作为警示教材的同时，是否考虑过，曾经作为榜样的三鹿，坚持“质量至上”难道不是事实吗？也许不完全是，也许某个阶段是，但我始终相信，企业成功的道路上，比如有一段值得令人敬佩的历史，值得学习的故事，这些故事很多确实是来源于企业过去的实际。只是这些故事已经是历史了。

同样，双汇在读三鹿警示的时候，也会说出很多故事。可是，“警示”只有在事件发生后，才发现原来自己也在续写故事。

(9) 伟人甘地说过：“地球满足人类的需要，但满足不了人类的贪婪。”商人趋利，这是亘古不变的道理。今天我们在讨论三鹿，也许明天、后天我们就成为别人讨论的对象。但聪明的商家十分清楚，成也萧何，败也萧何，理性需要战胜感性，理智需要战胜利益。当无法左右环境的时候，需要左右我们自己。

（10）作为质检人员，我们该反思什么？首先，要善于挖掘企业质量管理故事，也许是很小的行为，背后值得我们去认真总结；其次，企业成功之后，我们所能做的是坚持底线。如果有一天，连我们自己都不买自己生产的产品，企业兴旺只是表象而已，迟早会出事的。这个时候，让高层读读三鹿故事，有一点感触。也许我们无法改变高层的想法，但我们可以让高层有所警惕，从而不至于让企业走进死胡同。再次，文件写得再好，制度再严格，认证通过再多，质检人员最后没有实实在在的把关权，那么，一切都是形同虚设。反过来，对质检人员加强管理就显得十分必要了。

＊ 什么时候合用

在培训过程中，根据课程设计，都可能使用演练、游戏和案例分析来达到各种不同的目的。

（1）开课时，使每个人进入课堂后，还处于相互陌生或者相对独立状态。那么，游戏是从一开始就把学员的积极性调动起来的有效办法。

（2）班组组建时，在人数允许的情况下，授课时间超过半天，建议需要组建班组，由于班组在工作场所发挥着重大作用，通过互动游戏可以增加班组凝聚力。

（3）引入新的训练内容时，游戏、演练和案例分析可消除学员对训练的神秘感，特别是当他们必须学习一些从未接触过的东西时。如果是做现场实际操作类，通过现场演练，可以有效推进课堂气氛。

（4）采用多样化的培训方法时，特别适用于主要采用讲课形式的课堂培训类型。演练是一种增加多样性的相对容易的办法。

（5）需要讲清实际情况时，在工作环境里，如果缺乏对实际情况的了解，缺乏应付各种情况的手段，就可能会付出昂贵的代价，因此讲清情况变得日益重要。在演练过程中通过操作让学员发现错误——这时学习过程也同时开始了。

（6）需要演示如何正确操作时，当涉及的情况特别复杂时，演示操练特别有用。

（7）需展示行为时，同时展示正确行为和错误行为。

（8）需测评取得的业绩和进步时，对那些着重工作表现的训练内容，操练比用纸和笔进行的测评更能反映学习目标的完成情况。

（9）需通过集中大家智慧的时候，案例讨论能够激发大家思考，从而让学员相互之间学习。

第九章
培训故事

本章概述了自己的故事、别人的故事、名人故事、哲理故事、案例故事。通过本章学习，真正掌握故事在培训中的重要性，学会如何在日常生活、工作和学习中，发现并挖掘故事，巧妙设计故事，让故事真正成为培训的润滑剂，充分调动培训课堂气氛，提升培训水平。

案例、故事是活跃课堂气氛的润滑剂，是学员理解课程内容的有效方式。讲故事是培训师需要掌握的技巧，也是丰富授课内容、提高授课效果的有效方式。《哈佛商业评论》资深编辑 Bronwyn Fryer 曾说过，有两种方法可以说服人：一是惯用的训人的办法，现在使用这个老套子显然不太灵验，因为单靠说教是难以服人的；另一个办法是使用生动而简明的故事打动人。故事就像胶水一样，能把情与理有效黏合在一起，容易理解，深受启发。因此，案例、故事授课是成为职业培训师的必要手段。

★ 自己的故事

真正好的案例故事，一般都是从身边挖掘。自己的故事是自己的亲身体验，感触更深，理解更透，别有一番体会，讲的时候更贴切。一般而言，这种故事都是自己独一无二的东西，容易记忆和描述，更容易引发学员兴趣。

很多时候，只要自己用心，你会发现，周边的生活无处不是故事。正如一句话说得好，这世界不缺乏美，而是缺乏发现美的眼睛。同样，这世界不缺乏故事，而是缺乏发现故事的眼睛。人生就是一部戏，有时我们是戏里的主角，有时是配角。此时，在人生这部戏中，你就是故事的一部分，只要有意收集，原来故事是如此之多。

当然，任何时候，好的案例和故事，一定要时刻记录下来。毕竟，人生故事很多，你不可能全部记住。当你记录下来之后，慢慢去理顺，就会感受到其中的乐趣。

以下是笔者自己亲身经历的一个故事，道理众人皆知，却会发生在自己身边。

记得小孩刚进幼儿园的时候，幼儿园专门组织了一次针对家长的辅导教育。

刚上课的时候，讲课老师问了这样一个问题：“在座的各位家长，您希望老师怎样能够更好地配合家长工作呢？”

所有的家长，包括我在内，个个面面相觑，保持沉默。

此时，老师就说了：“各位家长，你们希望您的小孩在老师提问的时候，保持沉默吗？”

我当时不禁惭愧。是啊，当老师提问的时候，自己小孩在积极踊跃发言，作为家长就会觉得很自豪。可是，当老师问家长的时候，我们却保持缄默，这不觉得可笑吗？

我们经常严于律人，却宽以待己。尤其是教育小孩，往往严格要求，自己却随心所欲。

◇ 思考：从这个案例中，我们能够得到什么启示？

当然，自己的故事要多实践，多观察，多思考，更要多记录，才能积少成多、聚沙成塔。

⋆ 别人的故事

由于受到时间、精力、阅历的限制，我们无法亲身体验到大千世界所有的故事，但我们可以用耳朵听，用眼睛看，读书本，挖掘别人的故事，从而发现适合自己授课的内容。

给彼此下台阶的机会

老同学给我讲了这样一个故事。

有一个卷烟厂里有一名职工，中午到亲戚家里吃饭，喝酒了，并且喝醉了。饭后，还把剩下的半瓶白酒随身携带。

厂里明文规定，上班不许喝酒，更不能带酒上班。

到厂里上电梯时，恰巧碰到厂长到车间视察，由车间主任陪同。

这名员工一见是厂长，十分紧张，不知什么原因，居然把揣在怀里的半瓶酒弄掉了出来，弄得满电梯都是。

厂长见此十分恼火，训问道："难道你不知道厂里规定，上班不允许喝酒，更不能带酒吗？"

车间主任见此十分着急。

厂长就问："哪个部门的？"

那个员工惊吓之后，缓过神来回答道："我是外单位的，到此来找 ×× 同志。"

车间主任似乎明白了什么，赶紧接过话来说："外单位，不能进车间，赶紧到门口等候！"

厂长见此，好像明白了什么，也就没有再说什么。

合适的时候给别人一个台阶，不管是下台阶，还是上台阶，都需要智慧。

这是笔者听到的故事，回来之后把它记录下来，可以作为沟通、制度管理、领导艺术等课程的案例使用。

笔者读到一篇关于夫妻之间的故事。

有一对夫妻新婚燕尔，新娘就问新郎："我要是变成疯子了，你还爱我吗？"

新郎斩钉截铁地说："爱，当然爱你啦！"

新娘略有所思了一会儿，很忧愁地说："你果然爱的是我的外表！"

这故事说明了什么？站在不同角度看问题，得出的结果是截然不同的。有的人认为，这样的老公是真心的，然而有的人认为是另外一个含义，那就是虚情假意，注重美貌，不是内在美。也就是说，这位美女新娘是这么想的：假如我没有内在美了，只有一个美丽的外壳，你居然还爱我。这似乎也很符合逻辑哦！

但站在男人角度来讲，如果女人这样分析问题，怎么回答都是错的！毕竟，任何问题都可以从不同角度解释。男人就是"难"人的理解可能就更丰富了。

* 名人故事

名人很多，名人故事更多。巧妙应用名人故事，可以让你所表达的含义更加丰富，同时也更具说服力。当然名人故事不能是老掉牙的，除非你从独特的视角或者从另外一个角度表达意思。

这个真实的故事发生在日本

故事主角是一个利用假期到东京帝国饭店打工的某知名大学女学生。女大学生在这个五星级饭店里所分配到的第一件工作是清洗厕所。对于一个家庭背景良好、就读名牌大学的女学生而言，困难可想而知。当她第一天伸手进马桶刷洗时，差点当场呕吐。艰难度过几日后，她实在难以继续，决定提出辞职。然而，在此期间，这位女大学生经历了这样的事情，她亲眼目睹了一位和她一起工作的老清洁工，居然在清洗工作完成后，从马桶里舀了一杯水喝下去。

当这位女大学生看到眼前场景，目瞪口呆！但老清洁工却很自豪地说，经她清理过的马桶是干净得连里面的水都可以喝下去的！

这个举动给这位女大学生很大的触动，令她了解到真正的敬业精神。

至此之后，当她再进入厕所时，女大学生不再恶心厌恶，却视为自我磨炼与提升的机会。每一次清洗完马桶，她也总是自问：

“我可以从这里面舀一杯水喝下去吗？”

假期结束，当经理验收考核成果时，女大学生在所有人面前，从她清洗过的马桶里舀了一杯水喝下去。

这个举动同样震惊了在场所有人，尤其让经理认为这名工读生是必须延揽的人才。

毕业后，女大学生果然顺利进入帝国饭店工作。

凭着这匪夷所思的敬业精神，三十七岁前，她是日本帝国饭店最出色的员工和晋升最快的人。

三十七岁以后，她步入政坛，得到小泉首相赏识，后来成为日本内阁邮政大臣。

这位女大学生的名字叫“野田圣子”。

这是网络上盛传的一个敬业精神的名人故事。

笔者用这个故事来表达一个意思：用心做事。所要表达的核心内容正是故事中真正的内涵，任何工作，不论性质如何，都有理想、境界与更高的品质可以追寻；而工作的意义和价值，不在其高低贵贱如何？却在于从事工作的人，能否把重点放在工作本身，去挖掘或创造其中的乐趣和积极性。可是，现实中的每个人，经常能混则混，时刻认为自己做的是小事，却从不考虑自己其实在用一种消极的态度来做事，自然就难以成就大事了。

⋆ 哲理故事

哲理故事也很多，但更需要新读。也就是说，哲理故事表达的含义和所说明的道理需要我们去体会和理解，站在不同角度解读。如果照本宣科，或者沿袭别人观点，可能存在学员已经听过或看过，那么，听课的人就会觉得乏味，自然不感兴趣。如果换一个角度进行全新诠释，效果就会产生出来。

比如，龟兔赛跑故事就是一个十分经典的故事，在小学读书的时候就是一个必读故事。那么，这个故事有很多新的版本和诠释。

龟兔再次赛跑，结果兔子还是输了，原因是兔子跑错了方向。

之后，兔子又约乌龟赛跑，乌龟说，跑是可以，但这一次规则由我定。结果乌龟把赛跑路线改为过一条河。自然，兔子又输了。

那么，用反向思维提问学员，龟兔再赛跑一次，结果是兔子输了，乌龟赢了，原因是什么？相信会有很多答案，其中有这样一个答案，那就是兔子发福了，跑不动了。

从龟兔赛跑这样一个哲理故事，可以说明很多人生哲理。书本里的龟兔赛跑故事，说明实力再强，骄傲自满，还是会成败者。第二次跑错了方向，一个浅显的人生道理，说明水平再高，速度再快，方向错了，一切都是白费劲。第三次由乌龟制定规则，需要过河，自然兔子无法与乌龟比，也就是说，实力很重要，规则和策略更重要。第四个说兔子发福了，身体状况很差，说明身体健康很重要，兔子有实力，但并不代表所有兔子都有跑的实力。

哲理故事有很丰富的内涵，只要换个角度来解读，也许会发现其中无穷的智慧和乐趣。也就是说，哲理故事应该把握以下几个方面：

接着怎么说

哲理故事不在于原来怎么说，培训师需要挖掘的是，接着怎么说。

比如，有人说，读万卷书，不如行万里路；行万里路，不如识人无数；识人无数，不如高人指路！笔者以为，人生成长，更关键在于不断地回顾与顿悟。有些人读书无数，识人无数，也有高人指路，最后还是执迷不悟。

“狼来了”故事续集

“狼来了”的故事，被作为经典故事来启示我们不能欺骗别人，需要诚信，已经家喻户晓。

因为两次欺骗他人，使得小孩在第三次狼真正来时，却无人再相信他。狼群就很轻易地获取到了“猎物”，大家心里甚是欢喜。并且，狼还把小孩抓到窝中，以待后用。狼群回来之后，对于这一次如此顺利获得猎物，召开一次全体总结会。满载而归，大家心情很好，畅谈一番。但是，大家还是没有弄明白，为什么此次获取“猎物”，收获如此大却如此顺利。解铃还需系铃人，狼把抓来的小孩进行审讯。小孩看到这群狼得意洋洋的样子，本来一肚子窝囊气，看了之后更受不了，说：“你们得意什么，这次我成为你们的口中之物，是因为我两次欺骗了别人，致使别人不相信我而已。下一次再去，就是你们的葬身之时。”

狼群听后，才明白其中的缘由。回来之后，再次召开全体会议，狼群首领想听听各自感受。大家各抒己见，高谈阔论。没有一个建议和意见让首领满意。

此时，狼群中一位谋士出来说：“此次胜利，是因为小孩的不诚信，让我们幸运满载而归。下一次就没有那么容易。不过，臣有一建议：以后我们改变策略，不是以前那种盲干，而是通过有步骤有计划地进行。通过小孩的一次失误，变成我们以后获取‘猎物’的法宝。首先，每一次采取偷取‘猎物’时，守岗人员就会发出警报，我们就马上撤走。其次，等到人们不再相信守岗人员的信号时，我们再采取行动。这样，我们就会很轻易地获得‘猎物’。”

狼群首领采纳了谋士建议。果不出所料，并屡试不爽，满载而归。狼群不断扩大，变成了狼的帝国。

狼帝国的领地不断扩张，直接威胁到了人类的生存。整个国家经济衰退。终于，一位英明的皇帝开始反思狼的故事。可故事本身并没有什么漏洞，难道我们人类自身的问题。

皇帝决定采取必要的行动。有一次，他视察饲养羊群的部队。到了晚上，来到狼经常出没的地方，与守岗人员共同站岗。果不出所料，皇帝和守岗人员都亲眼看到了狼群，马上发出警报。等到救援人员赶到，却不见狼的踪影。饲养羊的基地领导大为恼火，可是，见到皇上在此，也就作罢。

可是，皇上看到了一切，目睹眼前发生了什么。

皇帝决定以牙还牙，计划彻底消灭可恶的狼帝国。

故事启示：

1. 作为领导，没有调查就没有发言权；当一件事情重复发生时，不管谁来做，都会出现问题，我们需要认真调查和反思，更多的时候，并不是人的原因，而是制度本身的缺陷。

2. 为什么人类不宁可信其有，宁可信其无呢？对于寓言的忍耐和崇拜，使得我们付出了太多惨痛的代价。

3. 我们相信《狼的故事》的同时，却以诚信的高帽子来掩盖我们本身的缺陷，是否值得反思？

换个角度怎么说

哲理故事换一个角度思考，又能说明其他问题。角度不同，自然看问题的结果也就不同。

《汉书·霍光传》记载这样一个故事

客有过主人者，见其灶直突，傍有积薪。客谓主人："更为曲突，远徙其薪；不者且有火患。"主人默然不应。俄而，家果失火，邻里共救之，幸而得息。于是杀牛置酒，谢其邻人，灼烂者在于上行，余各以功次坐，而不录言曲突者。人谓主人曰："乡使听客之言，不费牛酒，终亡火患。今论功而请宾，曲突徙薪亡恩泽，焦头烂额为上客耶？"主人乃悟而请之。

这个故事的主要概要是这样的：有位客人到某人家里做客，看见主人家的灶上烟囱是直的，旁边又有很多木材。客人告诉主人说，烟囱要改曲，木材须移去，否则将来可能会有火灾，主人听了没有作任何表示。

不久主人家里果然失火，四周的邻居赶紧跑来救火，最后火被扑灭了，于是主人烹羊宰牛，宴请四邻，以酬谢他们救火的功劳，但并没有请当初建议他将木材移走、烟囱改曲的人。这个故事比喻事先采取措施，才能防止灾祸。

在日常管理中，我们评定劳模的标准是什么？一般都是那些能够看得到、摸得着的劳动者，而对那些智力劳动者，却无法真正体现。

再联系日常绩效考核中，我们往往向脏、累、苦活倾斜。这没有错，但是否是企业主要的价值贡献点，是否具有可替代性，而不是多忙、事情多。

前提变了怎么说

故事前提变了，又如何说。比如，龟兔赛跑故事，前提变了，规则变了，结果又变了。

有这样一个笑话，讲小明过周岁的时候，他第一次开口说话，就喊爷爷，于是爷爷死了。没多久，他第一次喊妈妈，于是，妈妈也死了。再后来，他喊爸爸，于是隔壁家的打铁匠死了。

请问，你从这个故事可以得出什么结论？小明与隔壁打铁匠是什么关系？

这个笑话让一般人只是理解了小明的爸爸是隔壁家的打铁匠。可是，这个故事逻辑成立吗？如果是这样，第一次喊爷爷的时候，应该死的是隔壁打铁匠的爹，而不是小明的爷爷。于是，前提一变，好像这个笑话又不成立了。这似乎也很符合逻辑。

但是，又有人又说了，其实，这个故事完全符合逻辑，那就看打铁匠的妈是怎样的看法。

同样的故事，前提变了，结果迥然不同。

翻版讲解怎么说

哲理故事翻版讲解，就能有新读。

著名的思想家、哲学家苏格拉底对自己的徒弟有一个要求，那就是每天举手一百下。一个月过去后，有一半的学生放弃；三个月后，三分之二的人放弃了；半年后，绝大部分的人放弃了；一年后，只有一个人坚持下来。能够坚持下来的这个学生，后来成为伟大的思想家，他就是柏拉图。这个故事告诉我们，简单的事情能够长期坚持并不容易，而能够坚持下来，一般来讲，都能成就一番事业。

如果这个故事转换一种方式表达，那就是要问我们自己，为什么要坚持。比如广播体操，比如广场上坚持跳健身舞等。这些人坚持的原因是有目的和目标的，那就是为了身心健康。也就是说，当认为是在做一件有意义的事情时，人们往往会坚持。如果没有意义，就容易放弃。那么，作为管理者，如何让员工知道工作的意义呢？那就需要管理者告知，否则，大家容易迷失方向，没有积极性。

有这样一个故事，有一位医学院的教授，在上课的第一天对他的学生们说："作为一名医生，最要紧的就是你要胆大心细。"说完，他把一只手指伸进桌上一只盛满尿液的杯子里，接着再把手指放进自己的嘴里。随后教授将那只杯子递给学生，让学生们也照着他的样子做。每个学生都把手指探入杯中，然后再塞进嘴里，并强忍着呕吐。看着这种情况，他微微笑了笑说："不错，不错，你们每个人都够胆大的。"但接着教授又说道："只可惜你们看得不够心细，没有注意到我探入尿杯的是食指，放进嘴里的却是中指。"

这个故事告诉我们一个道理，要细心观察。

有的老师把这个故事演绎为一个博士与一个老板的故事。博士对为什么老板学历比自己低，但能够当老板感到不服气。于是，老板就端来一盆屎，对着博士说："我敢吃，你敢吗？"博士将信将疑。当着博士的面，老板用手指蘸了一下，然后放在嘴里。博士看后目瞪口呆，难以置信，怀疑老板有假，于是自己也蘸吃了。结果博士大叫道："真的是屎，老板你真吃屎？"老板说："是你真吃，我可没有吃！我用食指蘸屎，放进嘴里的是中指。"于是，老板语重心长地说："人与人的区别主要不是学历，更关键的是你是如何做事，懂得如何把事情做好、做成。也许表面看起来都一样，其实差别是很难用自己感官观察到的。"

通过故事演绎，把原来老版本的故事进行新阐述，成为绝妙的故事。

＊ 案例故事

中国案例研究会会长余凯成教授认为："所谓案例，就是为了一定的教学目的，围绕选定的问题，以事实作素材，而编写成的某一特定情景的描述。"

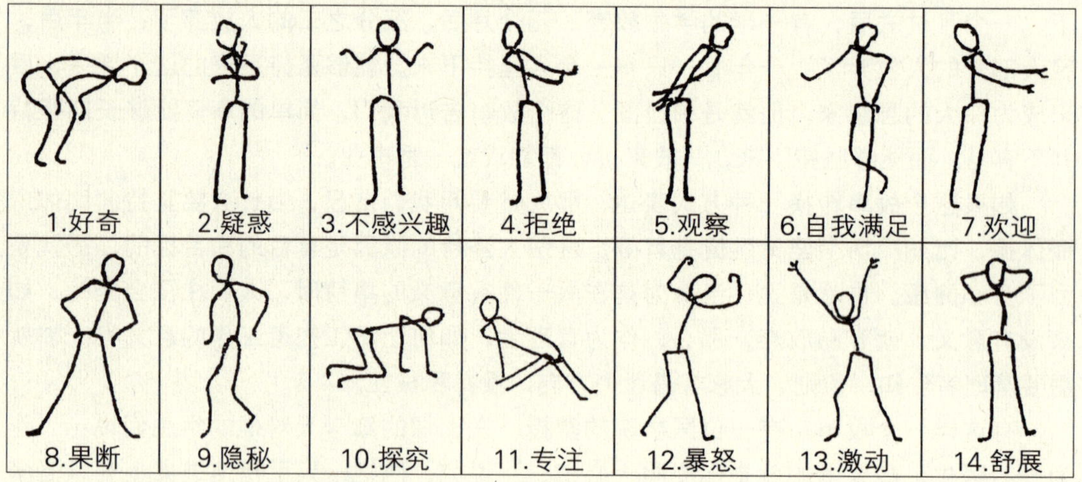

案例收集是培训师日常学习、工作、实践必须准备的工作。当然，好的案例，除了自己编写之外，还有可以通过借鉴他人已有的材料，经过加工、细化、编辑之后，为我所用。有的时候能成为好的案例。

当然，案例的目的是提高学习效果，自然需要考虑全方位的方式，比如图表、讨论、游戏等方式综合应用。

上图表示不同的肢体动作代表不同的含义，在沟通、礼仪等课程中能有所涉及。一般而言，授课老师采取边播放这些图，边讲述每个肢体动作，并把相关表达的意思传达给学员。也就是说，培训师只告诉答案，学员没有参与，这种授课方式比较枯燥，学员也记不清楚。如果转换一种方式，同样是以上题材，培训师通过学员自己做题、小组讨论，再派代表分享心得，从而加深这一部分授课内容。通过讨论、表达、发现自己的不足，找到差距，使得学员记忆更加深刻。

那么，如何使相同的内容变成更加丰富的案例？

培训师要做的工作是：

第一步，把以上每张图剪切出来；

第二步，把表达内容列出来；

第三步，图和表达内容错开，要求每个学员连线图和内容；

第四步，每个学员连线后，小组讨论，形成一致答案；

第五步，每个小组派代表上场讲述为什么会如此连线；

第六步，培训师公布答案，并算出个人答案、小组讨论答案与最后答案答对数目。

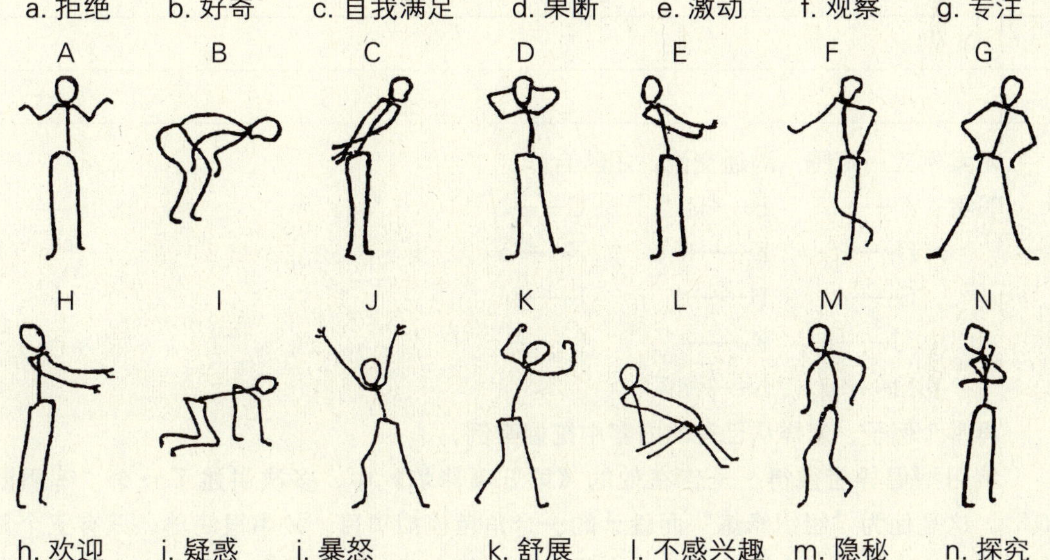

形体语言图形游戏具体要求如下：

（1）针对图形，请根据你的判断，每个图形的形体动作所代表的含义是什么？并相连接，把相对应的字母填写在“个人答案”表中。

（2）结合刚才每个人做的判断，请在小组内讨论，并形成统一答案。把相对应的字母填写在“小组答案”表中。

（3）统计个人答对的个数和小组答对个数，并把二者相差填入下表。

个人答案				小组答案				个人答对个数	小组答对个数	个人与小组相差
A		H		A		H				
B		I		B		I				
C		J		C		J				
D		K		D		K				
E		L		E		L				
F		M		F		M				
G		N		G		N				

讨论：

你了解日常生活中的哪些形体语言？当你无意识做一些动作的时候，代表内涵是什么？

本案例应用范围：沟通交流；团队合作；

答案：A——i　B——l　C——b

D——f　E——k　F——a

G——c　H——d　I——h

J——n　K——e　L——j

M——g　N——m

再举个例子，怎样从已有的内容中挖掘案例。

学习型倡导者彼得·圣吉在他的《第五项修炼》中，多次讲述了一个“啤酒游戏”。这是他为“组织修炼”而设计的一个角色模拟项目。故事很简单，只有三个角色：一个生产商，一个批发商，一个零售商。每个参加者自选角色，有完全的决策自由，目标只有一个——利润的最大化。如果按照游戏程序方式进行的话，需要三到五个小时才能完成，但课程安排很难有足够时间进行。为此，笔者在讲授《卷烟市场需求预测》相关课程的时候，就把这个游戏进行了演化，分组讨论和交流，从而说明需求的“蝴蝶效应”，效果不错。

零售商

案例背景

零售商每周销售4箱啤酒，发出的订货单4周以后供货，所以他保持着12箱的库存。这种稳定的需求和供给关系已经在零售商、批发商、生产厂家之间形成了一种默契。

说　明

（1）作为经营主体，必须利润最大化。

（2）当缺货时，也就是说，当零售商无法兑现消费者订单、批发商无法兑现零售商订单、工厂无法兑现批发商订单时，就需要把每一次到货卷烟全部出货，不会有库存。

（3）信息只能通过订单了解。

案例情节

1～6周情况：

突然有一周开始，即1周开始，零售商每周需求销量增加到每周8箱。于是，零售商在下次的订单中增加到8箱。不过，由于增加的订单4周以后才能到货，所以，第2周销出8箱后依然只来了4箱。多数人在这时就该着急了，因为此时他只剩下4箱库存，这将意味着本周将卖完所有啤酒。为了保证安全库存，零售商可能在下一个订单中增加到12箱。而此时，批发商可能只会给他送来5箱。在这种情况下，零售商为了获得更多的利润，极有可能继续增加订货量，于是本周发出的订单增加到了16箱。到第5周，零售商已经销光所有库存，开始缺货，只能继续订货，这次依然是16箱。第6周，批发商只送来6箱，此时面对每周8箱的需求，供不应求发生了。

7～12周情况：

由于批发商没有啤酒发给零售商，使得零售商没有啤酒卖货给消费者，库存为零。为了能够让批发商及时补货，只能继续订货，每次依然是16箱。

12～18周情况：

12周左右开始，零售商开始陆续接到批发商供货，啤酒量供给逐渐增加。大约到

15周，基本每周能够满足16箱。此时，零售商库存开始增加，发出订单减少。到16周时，零售商库存已经超负荷，自然发给批发商的订单为零。

18之后周情况：

18～20周，为了逐步消化前期库存和继续接到批发商供货，零售商继续向批发商发出订单为零。到21周，逐渐向批发商发订单，订单开始增加。市场需求继续稳定至每周8箱，经过一段时间调整，零售商库存保持在16箱，向批发商发出订单为每周8箱，处于较为稳定状态。

小组讨论思考：

（1）如果你是零售户，对案例发生的情况，你觉得是什么原因造成这样的结果？

（2）根据小组讨论结果，写在纸上，并派代表发表观点。

批发商

案例背景

批发商每周批出4卡车，工厂给他的订单4周以后供货，保持12卡车库存。这种稳定的需求和供给关系已经在零售商、批发商、生产厂家之间形成了一种默契。

说　明

（1）作为经营主体，必须利润最大化。

（2）当缺货时，也就是说，当零售商无法兑现消费者订单、批发商无法兑现零售商订单、工厂无法兑现批发商订单时，就需要把每一次到货卷烟全部出货，不会有库存。

（3）信息只能通过订单了解。

案例情节

1～8周情况：

在批发商那里，需求突然由每周4卡车增加到8卡车，他会随着零售商同步增加向工厂的订货，但同样要面临着供货时间差。大概到第6周时他开始发愁，因为他已经发光了所有库存，而订单数量还在不断上升。这时，他可能果断地把订单增加到20

卡车（因为他的安全库存就需要 12 卡车，20 卡车的数字还是比较保守的）。

8 ～ 14 周情况：

到第 8 周时，厂家供货为零，批发商很可能抱怨厂家。随后的几周，批发商会因为缺货而疲于应对零售商的催促，很可能会再度加大向工厂的订货量。由于各个零售商的订单都在增加，批发商可能会面临每周 20 多卡车的需求。所以，极有可能把对工厂的订单增加到 40 卡车。但为了慎重起见，向厂家发订单 40 卡车。到 10 周左右，批发商开始陆续收到厂家发来的啤酒，但还是很有限。

14 ～ 22 周情况：

14 周之后，厂家供货情况逐渐改善，到 16 周后，厂家供货达到订单要求，即厂家供货 40 卡车。可是，批发商的订单开始下降，批发商库存急剧增加。18 周时，为了能够尽快消化库存，向厂家发出订单为零。到 20 周时，批发商接到零售户订单为零，库存增加，此时，批发商继续发出订单为零。

22 周之后：

22 周时，批发商接到零售商订单始终为零。到 23 周开始，批发商逐渐开始接到零售商订单，但很有限，同时，批发商继续接到厂家以前的订单量，库存急剧增加，到 24 周左右，批发商面对堆积如山的库存，目瞪口呆。很显然，批发商继续向厂家发出订单为零。大约到 26 周，批发商库存开始缓解，30 周左右，处于较为正常水平。

小组讨论思考：

（1）如果你是零售商，对案例发生的情况，你觉得是什么原因导致这样的结果？

（2）根据小组讨论结果，写在纸上，并派代表发表观点。

生产厂家

案例背景

啤酒厂向批发商每周批出 4 火车皮。由于需要采购、生产，从开始制造到出货需要 2 周，所以需要一定的库存，库存量为 12 火车皮。这种稳定的需求和供给关系已经在零售商、批发商、生产厂家之间形成了一种默契。

说　明

（1）作为经营主体，必须利润最大化。

（2）当缺货时，也就是说，当零售商无法兑现消费者订单、批发商无法兑现零售商订单、工厂无法兑现批发商订单时，就需要把每一次到货卷烟全部出货，不会有库存。

（3）信息只能通过订单了解。

案例情节

1 ~ 5 周情况：

作为生产厂家，啤酒厂维持正常生产，每周向批发商供货 4 个火车皮。

6 ~ 18 周：

在第 6 周前后，订单数量急剧上升，库存开始减少。大约在第 7 周销光库存，工厂开始加班，而且订单数量持续攀高，所以，最正常的对策就是扩大产能，增加供给。经过一番努力，大约在第 14 ~ 16 周，工厂终于达到了生产的高峰，生产产能达到之前的四倍左右。

18 周之后：

生产厂家接到批发商的订单开始下降，工厂库存急剧增加。到 20 周左右，生产厂家开始降低生产量，减少半成品库存。到 24 周，生产厂家面对堆积如山的库存，目瞪口呆。于是，啤酒厂全部停产，员工放假。

小组讨论思考：

（1）如果你是零售商，对案例发生的情况，你觉得是什么原因导致这样的结果？

（2）根据小组讨论结果，写在纸上，并派代表发表观点。

第十章
控　场

本章主要概述了何谓控场、课堂骚动原因、控场方式、常用控场小技巧、借助 PPT 控场、不同类型的学员控场技巧。通过本章学习，让培训师真正能够在课堂上应对自如，调控场面，把控授课进度和场上气氛，真正体现职业培训师内在价值。

＊何谓控场

何谓控场？就是培训师采用适合的方式调动课堂现场的气氛，从而有效推进授课进程。

一般情况下，是在场面不太正常的情况，采取控场方式，这种方式称为被动控场。还有另外一种情况是，为了能够提高授课水平，增强学员对授课内容的理解，而采取主动控场的方式。

会出现不太正常的场面有以下三种：

稀稀拉拉

在课堂上，学员东一个西一个，或三三两两窃窃私语，或低头玩手机，或无精打采。

气氛沉闷

课堂沉闷信号：学员要么紧绷着脸，要么低头，要么毫无表情，要么百般无聊。典型特征行为：头靠椅子，若有所思；低头玩东西，比如看书、玩手机；或者东张西望，心不在焉；或者上厕所，一去不复返。当有这些行为的时候，你就应该提醒自己，该改变自己授课策略了。

秩序混乱

课堂有异常现象，学员骚动，场面较为混乱，学员把注意力转移到其他地方。

常见的异常现象情况：

（1）受到外界干扰。如，教室里突然飞来了一只燕子、狂风大作、突然停电等。

（2）在课堂上出现讲解错误、游戏操作失误等引起的。例如，在进行演示某段视频时，由于碟片或者机器故障，无法进行。

（3）打闹、嬉戏、说话、鼾声四起。

（4）经常出入课堂打电话，或在教室内大声通电话。

（5）悦耳的铃声。

一次意外

一次公开课上，授课老师计划采用“创设情境，引入课题”方式来讲解，创造富有激情和感染力的氛围。当老师打开录音机的时候，播放刚一开始，录音机卡带了，在取磁带时不小心又拉断了录音带，这位老师不得不中断正在进行的教学，向学员借来了透明胶布，慌忙地将录音带接好了进行重新播放，把学员晾到了一边。

◇ 思考：曾经有过这样的经历吗？如何处理？

___

___

___

★ 课堂骚动原因

课堂骚动除了外部原因之外，还和老师控场能力强弱有关。

授课时间已经到点

有的培训师在授课时，自我陶醉，或者课程内容准备不充分，到下课时间了，还有很多内容没有讲完。此时，学员可能就会开始打电话，或者开始说悄悄话，场面骚动。对于相当部分学员而言，超过预期时间，一般内心都不高兴。其实，有经验的培训师就会看自己的手表，看授课时间，如果已经到点，要及时总结收场，不要拖堂。因为学员心已不在，讲的再多，也是多余的。如果实在有必要，需要延长时间，那可以征得学员同意，最多不超过 15 分钟。

单次授课时间过长

学习总有一个时间限度，尤其注意力集中度更有其规律性。如果在中途上课的时候，学员有骚动行为，太过频繁出入教室，就应该看一下是否授课时间过长。如果时间过长，应停止授课，让学员休息一下。一般而言，一次授课不超过一个半小时。一次性讲座形式，可以约定在两个小时左右。

可能内容不是大家感兴趣的

假如授课内容，不是大家感兴趣的，那么，培训师需要及时调整内容。课前充分准备，比如有互动环节；课中注意观察，及时调整内容。通过授课方式的多样性，尽可能把学员注意力集中到课堂上。比如，笔者到某卷烟厂授课，按照课程内容安排，应该有一部分内容安排讲高端卷烟品牌竞争格局。当笔者了解到该企业年生产规模只有12.5万箱，而且主要是联营加工其他企业品牌，故就作了调整。高端品牌内容只是简要介绍，不作重点讲述，毕竟，授课对象对此不感兴趣。事实也证明了这一点，介绍这部分内容的时候，从大家表情和参与程度来看，并不太积极。

有学员提出尖锐问题

有部分学员会提出一些尖锐问题，这些问题有很多种情况，有的是答不出来，有的是故意挑衅，有的不便在场上回答。此时，对于故意挑衅的问题，也容易出现骚动。

有学者对听众提出的问题作出以下归类：

一是自己感兴趣、关心的问题；

二是自己感到困惑、疑难的问题；

三是“考考你”、“难难你”的问题；

四是回答过程中新发现的问题。

能够提出第一、二类问题的学员，上课一般都很认真，希望从授课老师那里得到答案。此时，需要认真回答，如果无法回答，可以坦诚交流或者通过其他学员回答的方式解决。如果还是不能满足，可以不回避地说：“您所提问题很有深度，待我回去后，再沟通。”

有一次到厦门做培训，学员是一家西部烟草公司的业务骨干。培训公司为了加强管理，提高学员听课效果，要求每天上午、下午授课前，将会根据授课内容提出具体问题，每个小组派代表回答。

一天下午，培训公司管理人员逐一向每个小组提问题。当对其中一个小组提出具体问题时，这个小组回答的学员就反问一句：“这个问题我想请姚老师回答。”

所提问题是笔者授课讲到的知识要点。笔者有一个习惯，那就是在授课前，都会对主要知识要点进行回顾，更会烂熟于心。当然，过后可能就忘了，毕竟上课内容很多，不可能一一都记在脑海中。但在上课之前，自己都会对知识要点进行短时间回顾记忆。正是自己这种良好习惯，才可能应对这种突如其来的反问。

这是典型的学员要考考培训师的案例。如果培训师都不知道答案，就会在学员中树立很差的形象。

当然，对于这样的学员更要进行必要的考验，比如，当自己很顺利地回答他的问题之后，可以出一道自己很清楚，又觉得较难的题目。这样做主要是避免这样的学员不断挑衅自己，从而提升自己的威信。

◇ 思考：当遇到学员为难的时候，你如何处理？如果把答案忘记了，又如何处理？

____

____

____

⋆ 控场方式

控场方式很多，以下是比较常用的方式。

约法三章式

在上课前，培训师可以提出上课要求，比如不允许通电话、响铃声、迟到等，在授课之始，要约法三章。当听到铃声或者有通电话的时候，让大家给以“爱”的鼓励（掌声）。同时，加强班组管理，违规者扣该小组积分。

以下是约法三章式例子，可以提供参考：

四可以四不可以

学员有权做任何事，但不能影响别人，具体要求如下：

1. 可以睡觉，但不能打呼噜，因为会影响他人听课。
2. 可以瞪着天花板，但不能瞪着漂亮女同学，那会干扰别人。
3. 可以接手机，但不可以在教室内接，那会干扰别人。

4. 可以抽烟，但不可以在课堂上抽，只能在楼道。

我们这些靠烟草吃饭的职业讲师，可不能得罪那些客户。更关键的是，在上课之前，最好把桌子上的烟灰缸撤掉，避免行为诱导。在教室抽烟，容易形成乌烟瘴气，影响气氛。甚至有些女学员作出反感的表情，影响情绪。

随机应变式

如果发生突发事件，要灵活掌握，尽可能有更多应对措施。比如一次教学中，老师问学生："同学们会唱《世界之杯》这首歌吗？"学员立刻一起唱起这首歌。这样一来，不但达到了创设情境、感受氛围的作用，而且课堂的气氛会迅速活跃起来，大家和着歌唱的节奏，拍着掌，把教学活动推向高潮。这种随机应变、灵活处理的方式比预先设计的教学效果还要好，更能带动学员学习的积极性，达到事半功倍的效果。

有一次在给高中学生做演讲时，忽然有人的手机响起了悦耳的钟声，笔者说了一句："哇，希望的钟声响起了。"大家都开心地笑了，笔者也笑了。然后让他们意识到上课响手机无论如何都是吸引别人注意力的事，大家都知道也是不应该的事，但事情既然已经发生了，总要从积极的方面给大家调动，所以我又补充说了一句，"这也是警钟啊，看看教室黑板后面的倒记时，只有 181 天了。"掌声更加热烈了。

目光控制式

在课堂上，提高目光注视的技术，可以用目光调整学生的注意力。在什么情况下用什么目光，要因时而异，因人制宜，要有助于教书育人这个总目标的实现。比如，对正在违反纪律的学生，需要投以严肃的目光；对作出满意回答的学生，应投以赞赏的目光；对性格内向、怯于回答问题的学生，应投以鼓励的目光；对性格腼腆的学生，应避免较长时间的目光接触，防止产生局促不安的情绪。

比如，会遇到学员玩手机，偷看小说、杂志，做小动作等。如果不影响其他学员，一般不做评论，或者稍做提示即可。如果这些行为影响其他学员听课时，可以暂时停止讲课，用目光给予暗示。根据注意的规则：刺激物的作用突然停止，容易引起人们的注意。

动作控制式

有时学员私下议论，使课堂的环境变得混乱无序。这时动作控制也是一种好的方式。比如：开始培训前，用双手示意场上安静。当培训师在台上的时候，讲着讲着忽然挥手示意，让学员活跃，这一系列的动作都是控制场面的方式。正如歌星在开演唱会的会场上，歌手大幅度夸张的动作特别多，比如向听众献飞吻，将花抛给听众等，这样的动作让现场的气氛不断掀起高潮。当然，培训师的动作和演唱时不一样，建议每个培训师都要有几个属于自己的动作，可以随时用动作调动场上的气氛，控制场上的局面。

借助其他外力方式

(1) 通过音乐由重变轻，告诉学员已经开始上课。

(2) 通过简单互动，比如在学校中最常用的方式，老师喊上课，班长喊起立，同学们喊“老师好。”老师喊：“同学们好，请坐下。”

(3) 请主持人或者培训管理员控制场面。比如，要求学员相对集中坐着，经常打电话的学员安排到离门口较近的位置。

(4) 学员提出的问题，有“请教”、“求教”、“考你”、“难你”类型。培训师可以根据情况调整，自然能够答好，答出效果会令学员信服，但知识学不尽，泉水挑不干，答不好也是正常的。这时，可以请其他学员回答，或场下交流。

(5) 培训师制造悬念，并假装很严肃地说：“不鼓掌就不告诉大家！”这种效果也特别有效。

* 常见控场小技巧

学习控场，在不同场合中，遇到不同的情况，学会随机应变，提高应变能力。对于突如其来的异常现象，刚刚登上讲台的培训师可能会不知所措，呆若木鸡。但对有经验的培训师，则会心中有数，做好充分的思想准备，就可以临场应付自如了。比如，突然停电，教室一片漆黑。你可以说：“这是黎明前的黑暗，光明马上会到来！”话筒没电或没有声音。可以说：“吃东西喜欢原汁原味，读小说喜欢原著原版，听说话喜欢原人原说。那么，今天，我就用纯天然的声音献给大家，相信大家不会嫌弃！”

拖延了时间，学员骚动。可以说："可以看得出来，大家肚子有点饿了，不要紧，等会儿，我请客，大家埋单！"

＊借助 PPT 控场

培训师授课，通常都需要 PPT 课件制作。好的 PPT 课件，不仅能够传达信息，而且还能够让学员赏心悦目，起到辅助控制场面的作用。

好的 PPT 需要注意以下几点

1. 文字大小

一般而言，标题字体以 32 ~ 36 磅较为合适。内容文本字体以 28 ~ 30 磅较好。

2. 文字数量

课件内容，一般都是高度概括的文字和图表，而不是洋洋洒洒的文字。高度提炼的文字，主要让学员容易做笔记，同时用来提醒培训师授课进程和主要内容，避免照本宣科。比如，洪昭光教授演讲的"健康的钥匙握在你自己手中"，对什么是合理膳食用两句话，十个字进行高度概括。第一句话叫做：一、二、三、四、五。第二句话叫做：红、黄、绿、白、黑。"红"：一天一个西红柿；"黄"：黄色的蔬菜（胡萝卜、玉米）；"绿"：绿茶；"白"：燕麦粉、燕麦片；"黑"：黑木耳。

3. 文字字体

标题字体以黑体、隶体、宋体和楷体为主，内容文本字体以黑体、宋体和楷体为主。但标题和文本字体要有区别，从而显示重要程度不一样。

4. 课件色彩

色彩容易吸引眼球，但也会分散注意力。因此颜色不能太杂，也就是说，每张课件颜色最好控制在三种颜色，最多不能超过五种颜色。采用三种颜色时，红色、黑色和蓝色为主色，底色以常用的白色。有的时候，课件会增加标志或特殊图案，那么，建议颜色与标志颜色相一致，也就是说，至少需要一个颜色体系。

文字颜色与底色有较为明显的区分度。由于受到投影仪质量影响，很多课件投射之后，很难看清具体内容，尤其颜色很深、区分度小的课件，学员很难看清楚，那么，就容易影响授课效果。作图时，底色和显示颜色需要明显对比，容易产生效果。

为了确保课件能够有较好的投射效果，建议以白色为底，字体以深色为主，比如黑色、红色、深蓝色、深绿色等。

以下是常用颜色对比度较好的颜色，一般可以作为底板和主体字体之间颜色，底板和主题图案之间颜色。

研读一本书籍——开展读《杜拉拉升职记》活动

■ 一个主题：进一步深刻理解“红塔人的修炼”

■ 三个特色：领导重视 参与积极 形式多样

■ 四个成效：形成氛围 文化落地 充实生活 提升素养

图 10-1

表 10-1 不同颜色之间对比效果较好的

序 号	颜 色	对比度颜色
1	黑 色	白 色
2	红 色	白 色
3	红 色	蓝 色
4	蓝 色	黄 色
5	红 色	黄 色
6	绿 色	橙 色
7	橙 色	粉红色
8	粉红色	绿 色

但我们也需要注意，并非是只要不超过三种，随便任意三种颜色都可以，最好是以效果对比明显的颜色进行配置。

还有，即便是同一种颜色，我们也可以通过明暗的处理，赋予其丰富的变化，多数情况下，中等明度的色彩会更加赏心悦目。

最后，色彩和内涵有象征意义的。这也是为什么有些类型的企业喜欢用某种颜色，比如，多数 IT 高科技企业都喜欢用蓝色、银灰色做 PPT 背景的原因。

5. 课件内容

二、全面实施烟草专卖时期政策

■ 建立全面烟草专卖专卖体制时期（1981年以后）

■ 19___年___月，中国烟草总公司正式成立

■ 19___年___月，国家烟草专卖局成立

■ 19___年___月，全国人大常务委员会通过《中华人民共和国烟草专卖法》

■ 20___年___月，国务院办公厅发布《关于进一步理顺烟草行业资产管理体制深化烟草企业改革的意见》的57号文件。

图 10-2

课件内容除了精练之外，还需要把握一些学习心理。现在很多课件都打印给学员，这种方式不太妥当。主要是很多内容在课件上已经反映，很难引起学员兴趣。有的时候，适当神秘还是必要的，毕竟，人类有猎奇心理。因此，在课件内容制作上，做一些技术处理。比如，对于关键数据、年份和主要内容，可以以空格形式出现。这样，一是让学员产生一定的好奇心；二是学员在听课过程中可以有机会做记录，加深印象。还可以这样处理，那就是授课之前不发课件，每讲述完一部分内容的时候，再发课件。

6.PPT 快捷放映技巧

在幻灯片放映时，可单击鼠标右键，通过弹出的快捷菜单控制放映进程，这是最普通的方法。如果在实际操作过程中，对于快捷键功能提示，可以在幻灯片放映过程中单击“F1”键可获得帮助信息，系统提供了许多快捷键，常用控制放映的快捷键见表所示。

表 10-2　PPT 快捷键功能

序　号	快捷键	功　能
1	N、→、↓、Pg Dn、空格、N	下一张
2	←、↑、Pg Up、P	上一张
3	序号 N 并按 Enter	定位于第 n 张
4	按鼠标左右键两秒钟	回到第一张
5	Esc、Ctrl+Break、—	终止放映
6	Ctrl+P	笔形鼠标
7	B	使屏幕变黑 / 还原

续 表

序 号	快捷键	功 能
8	W	使屏幕变白/还原
9	E	去掉屏幕上的图形
10	A、=、Ctrl+H	隐藏指针和按钮
11	Ctrl+A	箭头鼠标
12	S	停止/重新启动自动放映

* 不同类型的学员控场技巧

课堂上，你可能面对各种各样的学员，需要采取相对应的方式应对。按照是否健谈、好辩、极端的个人行为与是否善于思考问题和解决的能力两个纬度来分，大致有以下四种类型：权威型、专业型、饶舌型和普通型。

权威型

这类学员很健谈、好辩，个人行为容易引起注意，而且对你所授课内容很内行，在课堂上有很高的人气。

权威型学员具有以下特点

（1）对问题有自己见解；

（2）性格外向，活泼；

（3）爱展现自己，希望引起注意；

（4）领导欲望强，具有号召力。

权威型有两种，一种是争强好胜型，生性傲慢，自命清高，喜欢当场发难的人，比如，时不时冷嘲热讽，但言之有理，很有号召力，对你所讲授内容很专业，在这方面是专家。这类型学员是既可能是“帮手”，也可能是“杀手”。

争强好胜型应对办法

(1) 尽量保持心平气和，控制自己情绪；

(2) 要诚心地试着找出有价值的观点并表示同意；

(3) 要抓住其发表一个明显错误的言论时，让其他学员以质询的方式，通过大家来搞定；

(4) 告诉他时间有限，你很愿意就此问题以后和他讨论，但请他先接受大家的观点；

(5) 在休息时与他私下谈谈，及时了解其思想变化，尽可能争取他的支持。

出现争强好胜型学员，应对具体技巧

首先，要改变他的态势，适当压住他的高傲气势。当需要大家讨论问题，他在夸夸其谈，可以模仿对方的姿态，就会使他处于窘迫境地，比如他的地方口音很重等，学其口音。

其次，适当打击其自信。一个最有效的办法就是，用双眼盯住他，然后忽然装出一副无所谓的姿态，将眼神移开。这时，他的自信就会产生动摇。或者，在他讲得得意忘形的时候，突然拍拍他的肩膀："不要着急，慢慢说，慢慢说！"此时，一旦被你拍了之后，就会怀疑自己阐述观点的正确性，从而自信心受到打击。

如，有一个学员，是一个公司经理，带有浓厚的地方口音。在发表观点的时候，大谈特谈自己的创业史，总认为自己是一个了不起的人物，理应得到别人的尊重和注意。此时，当他说话中有明显的地方方言，你可以重复他的方言，模仿他的声音，会引起大家哄堂大笑，在笑声中，他自我优势的嚣张气焰会顷刻化为乌有。

另外一种是潜在权威型，不说则已，一鸣则惊人！一般这些人阅历丰富，层次较高，不会去为难授课老师，通情达理。对授课老师的独到见解会及时表现出认同。这类学员一般都是优秀学员，在企业中担任重要职务，威望较高。培训师在适当的时候应加以关注，多发挥这类学员的智慧，从而激发大家学习的兴趣。毕竟，只有在企业得以成功验证的经验，才更符合企业实际，也更实用。为何不可以借他人之智慧，来提升授课水平呢！

专业型

专业型学员是技术专家、业务高手，但受到语言表达制约，天生内向，或者很少有机会表达自己见解，使得其并不懂得如何展示自己。

一般而言，这类学员具有以下特点

(1) 对授课内容很专业；
(2) 不爱表现自己；
(3) 语言表达能力较差。

虽然这类学员具有很强的解决实际问题的能力，尤其讲授技术类、研发类、具体业务操作类等课程。对于这类学员，培训师应积极加以挖掘，具体方法是：

(1) 邀请其发表对议题的见解；
(2) 课下交流沟通；
(3) 接近他，投注信任眼光；
(4) 提供帮助，在你力所能及的范围内。

饶舌型

在你讲课或者讨论案例的过程中，这类学员经常对某些问题发表观点。

饶舌型具有以下特点

(1) 对授课内容不专业；
(2) 爱表现自己；
(3) 见多识广，但经常话不搭边。

对于这类学员采取的措施

(1) 当他稍微停顿时，感谢他的想法与人分享，然后可以说：“让我们来听听其他人的想法”；

(2) 通过别的学员问题阻止他的发言；
(3) 告诉他，他的观点很有意思，委婉地指出："我们有些偏离主题了"；
(4) 不时地看表，暗示他要控制时间；
(5) 尽可能减少他表现机会；
(6) 顺着他的逻辑来反驳他的观点。

巧妙应对

随着禁烟要求越来越高，公共场所普遍禁烟，有一个烟民到商场买了一盒烟，就点了支烟开始抽。管理人员以商场禁止抽烟加以阻止。这烟民非但不听，反而加以争辩："商店卖烟还不能抽烟？"结果两人争辩不下。

这时，商场主管过来，听完两人陈诉后，便笑着对烟民说："我们商店还卖手纸呢！"

周围围观的顾客闻之哄堂大笑，这烟民感觉自讨没趣，讪讪地走了。

◇ 思考：从故事中有何启发？

____

____

____

普通型

绝大多数学员都是普通型，他们一般具有以下特点：
(1) 没有自己的观点，不专业，不感兴趣；
(2) 沉默寡言，不擅长表达；
(3) 生性胆小，担心出丑。

对于占绝大多数的这些学员，需要给予关注，具体办法

(1) 鼓励其多参与、多发言；
(2) 向他提问较为简单和容易回答的问题；

(3) 及时对他积极表现予以肯定。

作为一位职业培训师，一定是一名好的控场者。学会掌握控制场上学员的技巧，相信会让大家受益颇多。

控场案例

案例 1

你组织做一个课程培训，讲到第二天，在讲授某一章节时，先讲了前两个部分内容，忽然对其中第三部分内容忘了，你努力去想，就是想不起来了。但是，课程还需要继续，你没办法，就开始讲授第四个部分。讲着讲着，又想起来了第三部分内容。

1．小组讨论：

这时候，你应该怎么做比较好？你有何建议？

____

____

____

各小组根据案例情况，把解决办法写在纸上，并派代表发言。

2．时间限制：

小组应在 10 分钟内完成上述活动。

案例 2

你到一个企业做一次课程培训，讲前要求大家把手机都关了。讲课时，李老板坐在第一排，讲着讲着，他的手机响了。此时，你并没有打断课程，他就拿出手机接听，结果是他的下属汇报了一件挺严重的事，他很不满地说："谁让你们这么干的！你不想干就走人，你哪能这样干呢？"

你还没有理他，继续讲课。结果接下来事情更严重了，李老板开始发牢骚，而且破口骂人了。

这时候，学员都不在听你授课，而是都在看李老板了。

1．小组讨论：

这时候，你应该怎么做比较好？你有何建议？

____

各小组根据案例情况，把解决办法写在纸上，并派代表发言。

2. 时间限制：

小组应在10分钟内完成上述活动。

案例3

你到某企业做TTT培训，给内部培训师讲课，这个企业的内部培训师都是处长级干部，当时有一个张处长就提出了问题："你讲的培训和教育的差别，我没太听明白，你能不能再给我讲一次。"

你很敬业，又讲了一次。

"哎呀，我还是有点没听明白，您能不能再讲一次。"张处长说。

你相当耐心，又用另一种方法给他做了一个讲解，而且打了一个比喻，想试图从其他角度进行讲解，之后就问："怎么样，这位同学，你是否明白了？"

"还是没有听明白。"张处长如此说。

1. 小组讨论：

这时候，你应该怎么做比较好？你有何建议？

各小组根据案例情况，把解决办法写在纸上，并派代表发言。

2. 时间限制：

小组应在10分钟内完成上述活动。

案例4

你正组织一次培训，发现一位学员在班里超脱事外，显得无精打采，神情黯然。课堂上，不是目光呆滞，就是怀抱双臂发呆，对小组讨论不闻不问，漠不关心，更不发言。不时拿手机玩弄，或者拿出自己带来的杂志翻阅。

1. 小组讨论：

这时候，你应该怎么做比较好？你有何建议？

各小组根据案例情况，把解决办法写在纸上，并派代表贴在支架上。

2．时间限制：

小组应在10分钟内完成上述活动。

第十一章
培训师思维训练

本章主要概述了横向思维、反向思维、应用启发思维来激发学员学习。通过本章学习，充分掌握培训师思维方式改变的技巧，真正让职业培训师区别于一般培训师，从学员固有的思维模式解脱出来，站在更高层次、更多角度分析问题，启迪广袤思维，激发学员学习力。

培训师一般能够掌握一定的授课技巧，把自己所学所感悟的通过一定方法传授给学员。而对于职业培训师，除了对授课内容具有相当的专业研究和认识深度外，还需要有自己独到的观点和独特的见解。那么，观点是怎样产生的？一般而言，需要能够在学员已有观点的基础上理解得更深刻一点，或者区别于学员的观点和看法，能从不同角度或者采用另类思维，对课程或别人的观点进行延伸等。

培训师通过发散思维让自己有话可说，其中，横向思维、纵向思维和立体思维是发散思维的具体应用。

* 横向思维

“横向思维”是培训师提高授课水平、提高创造力的系统性的手段。通过横向思维的应用，从而给学员一个实实在在的方法来改变现有的思维方式，进而达到有所触动的目的。也就是说，培训师要有新的想法和产生新的问题，希望通过自己系统思考，使用横向思维方式，就有可能会得到改善。它产生的神奇效果往往是令人出乎意料、意想不到的。

英国学者爱德华·德博诺在其专著《新型的思维》中提出，横向思维是指由于接受和利用其他事物的功能、特征和性质的启发而产生新思想的思维方式。历史上，应用横向思维开拓解决问题思路的人很多，比如，诸葛亮的“草船借箭”、曹冲称象的故事等，都采用了发散思维中的横向思维形式。

在中国历史上，有这样一个人，巧妙通过横向思维方式来解决了实际问题。

巧妙说服

《三国志·简雍传》讲述了这样一个故事。三国时期，刘备管辖地区气候干旱，于是下达了一道“时天旱禁酒，酿者有刑”的禁令，如何判断他人是否酿酒，很难用统一的标准衡量。那么，“吏于人家索得酿具，论者欲令与作酒者同罚”。什么意思？就是官吏从老百姓家中搜寻得酿酒器具，就要判与酿酒者同样的罪行。也就是说，有酿酒器具，就以酿酒罪同罚。这显然不公平，存在一定问题。那么，如何改变这种局面呢？简雍想出了一法。有一次，简雍与刘备一起出去巡视，看到马路上走着一对男女。简雍就抓住机会，跟刘备说：“彼人欲行淫，何以不缚？”意思说，这两个男女他们要乱淫，为什么不把他们捆起来啊？刘备说爱卿你，怎么知道他们两个要犯法？简雍跟刘备说："彼有其具，与欲酿者同。"也就是说，他们有乱淫的生殖器官，这跟有酒具必定想酿酒不是一样吗？刘备听了之后，就大笑，自然就把那些有酿具的人给释放了。

◇ 思考：从这个案例中，作为烟草培训师，你有何启示？

如果把这个知识点继续延伸，可以作为沟通、作为上下级关系方面的课程进行案例分解。但笔者还从另外一个思维来解释这一历史现象。作为烟草培训师，要十分了解历史，其中，专卖是烟草行业特点之一。在古代，专卖即称"榷酤"，榷是指一个人通过不准他人并行的独木桥，是"专"的意思；酤，即卖。作为一种制度，专卖最早由我国封建社会官营工商业制度发展而来，当时称之为禁榷制度，实行禁榷的商品由政府垄断，限制或禁止私人经营，西汉时封建王朝就对酒、盐、铁实行专卖，所得收入归政府所有，作为中央财政上缴国库。于是，笔者就举例《三国志》里面《简雍传》中这个典故，不仅生动有趣，也说明了在三国时期，我国对酒就实行专卖体制了。

也就是说，横向思维应用到培训中，体现宽度举例，以熟悉、丰富的例子进行分析，具有生动性。

通过横向思维方式，把很多历史事件、主题交融一起，使大家熟知的事情，但从中又能体悟到新的收获，就能达到更好的效果。比如，华中科技大学校长李培根在给2010届毕业生演讲："近几年，国家频发的灾难一定给你们留下深刻的记忆。汶川的颤抖，没能抖落中国人民的坚强与刚毅；玉树的摇动，没能撼动汉藏人民的齐心与合力。留给你们记忆的不仅是大悲的哭泣，更是大爱的洗礼；西南的干旱或许使你们一样感受渴与饥，留给你们记忆的，不仅是大地的喘息，更是自然需要和谐、发展需要科学的道理。"

同样，通过横向思维受到启发的不胜枚举，比如，在大学生活中，大学生女生们喜欢将同一寝室的成员排座次，什么大姐、二姐、三姐……有一次班级聚餐，男生们见女生的碗上都写着这样的字样：大姐、二姐、三姐……男生看了之后，深受启发，说回去后也要在碗上写字。几天后，大家在食堂看到了另外一些碗，只见上面写着：

大姐夫、二姐夫、三姐夫……这种横向思维颇具幽默感。

惯性思维影响选择

李明很爱杨妮，可是有一天，杨妮出了车祸，颈部以下全部失去知觉，成为植物人。你觉得，李明对杨妮还会一如既往、数十年不离不弃吗？

（1）李明对杨妮的爱一定不会发生改变，真爱是能经得住任何考验的。

（2）李明对杨妮的爱一定会发生改变，什么年代了，哪还有这种傻瓜似的爱呢？

（3）李明对杨妮的爱可能会发生改变，因为现实太残酷了。

请对以上情况作出一个选择，请写好答案。

哈哈，刚才你一定把李明当成杨妮的情侣了。现在我们来假设一下，如果李明是杨妮的父亲或者母亲，你还会坚持刚才的选择吗？

请你再一次选择，好吗？

◇ 思考：为什么我们会作出不同的选择？

当看完第一个选项，我们可能作出 B 或 C 的选择，或者对 A 犹豫不决，可是，当前提改变了，我们又会毫不犹豫地作出 A 的选择。从这个故事，我们不难得出这样启示：

（1）惯性思维往往会影响着我们思考问题，经常会让我们作出很糊涂的选择。

（2）面对物欲横流的社会，你是否拿起你的电话，给父母一个问候？

（3）永远爱你的人，能够支持你的人，是父母。他们永远是你最坚强的后盾。

（4）为什么父母对子女的爱就应该是坚贞的呢？难道子女就不应该吗？

＊ 反向思维

人有思维惯性和惰性，从而使得很多时候不爱思考。如果培训师没有有意去触动，去引导，那么，学员容易陷入困顿，不感兴趣。比如，都是循规蹈矩，按顺序讲述，从A到B，从B到C，从C到D，就没有新意。此时，反过来想一想，或者跳跃式的试一试，比如，当程序中没有B的时候会怎么样，或者倒过来又会怎样。当采用非常规或非程序进行提问、构思和讲解，更容易引起学员思考问题，从而引发学员兴趣。

笔者遇到这样一件事情，2011年，有一位大学毕业生到我们集团应聘。当这位大学生来到集团人力资源部咨询如何报名的时候，工作人员告诉他通过网络报名。这位大学生很惊讶地问："什么网络？烟盒上的吗？"同事们大为惊讶。等到这位应聘大学生走后，大家议论纷纷，觉得现在大学生毕业连电脑都不会用，不知道网络，简直不可思议！等到大家讨论差不多的时候，笔者就反问一句："难道就不可以不学电脑吗？假如刚才笔者碰见这样事情，笔者估计会这样问这位大学生，你不学电脑的原因是什么？笔者始终相信，有果必有因。也许，当我们听到这位大学生娓娓道来自己不学电脑的原因的时候，我们也许会惊叹。现在，我们惊讶其不会用电脑，也许，我们得知背后的原因，更惊讶他不会电脑的原因。"比如，农村出生，家庭条件极其艰苦，考到偏远的大学，好不容易熬到大学毕业。当然，现代职业人士，要一定会用电脑的，才有可能具有竞争力。

不难得出，反向思维是与传统的、逻辑的和群体的思维方向相反的一种思维形式，即以对立、逆转、反面、颠倒等方式去认识问题或解决问题的思维形式。这种认识问题，同样也可以用来我们作为培训之用。

巧妙应用思维惯性

布森是个钓鱼迷，只要一有空闲，他便会约上好朋友洛克去钓鱼。这天天气晴朗，两人又带着钓具出发了。一个小时后，他们来到了当地最有名的钓鱼圣地——圣日那湖。

布森边把渔线甩进湖里，边说道："老伙计，这里的鱼真多！要不是这里必须凭那扫兴的《钓鱼许可证》才能垂钓，可真是个天堂呢！"

洛克连声附和。果然不到半个小时，两人便钓到了好几条大鱼。就在两人兴奋之时，湖边的矮树丛里传来了一阵声响，圣日那湖的管理员突然跳了出来，嘴里还大叫着："许可证！"

布森见状慌忙扔下鱼竿，转身就往湖边的树林里跑。

“给我站住！”管理员二话不说，大喊着追了上去。

两人一前一后大约跑了一公里之后，布森终于体力不支，停了下来。他跪在地上，不停地喘气。很快管理员也追了上来，他上气不接下气地说道：“出示你的……你的钓鱼证，先生！”

布森慢腾腾地把手伸向上衣的口袋，但他摸了许久，什么也没拿出来。

管理员冷笑道：“我就知道你没证件！”

布森一笑，又把手伸向了裤兜。摸索一番之后，他拿出了一个钱包。

“算你识相！”管理员边说边拿出了罚单。

但是布森没有从钱包里拿出钱，而是拿出一张《钓鱼许可证》递给管理员。

管理员接过证件一看，眼睛马上瞪得大大的：“我说，老兄，你明明有证件，你刚才为什么还要逃跑？这不是玩我嘛！”

“是的，但是您不知道，我的朋友没有啊！”布森喘着粗气答道。

管理员懊恼地大喊一声，转身就往回跑。

只听身后的布森大笑着说：“别追了，估计他这会儿已经到家了！”

摘自《故事会》2011年1月下

◇ 思考：看完故事，我们会哭笑不得，原因是什么？

管理员为什么见到布森跑了就追呢？道理很简单，那就是在我们固有的思维中，有一个前提假设——做贼心虚。只有那些没有证件的人见到管理员才会跑，布森就充分利用了一般人的这种思维方式，让朋友顺利逃脱了惩罚。毕竟，朋友是陪他来钓鱼，不能让其受到惩罚。

一般人都喜欢顺向思考问题，或者是按常规的方式来做事，而布森的做法就是典型的反向思维。在通常情况下，由于受到潜意识支配，想都不想，就认定自己的判断是正确的。这也不得不让笔者思考一个问题，那就是经验的双刃性，一方面可以减少人们的判断成本，另一方面也会阻碍创新意识的发展。

在我们日常管理中，经常采取反向思维来判断一个人是否诚实。比如，一般而言，很多人都是在主管在时能够守时上下班，可一等到主管不在的时候，就开始开小差。

这是在耍小聪明。不要以为主管不知道你是否在位，他有很多种方式来考察你。不经意间打电话，你可能就会不打自招，说自己恰好在外面。或者主管打电话到你的座机电话，没有人接，或者通过同事交流来了解。

其实，主管不在的时候，更能考验一个人。此时，借助越是主管不在越能体现自己保持行为一致性来证明自己是一个做事严谨、日常表现突出的员工。也就是说，领导不在的时候，还会坚守自己岗位，这样更显得自己是一个能够守规矩的人。

反向思维解决问题

假如你有500万美元国库券、股票资产，请问，你怎样用最低成本获得这些资产的安全？保证如此多的资产安全，措施有哪些？

请看犹太人是怎样解决这个问题的。

首先，他想到银行租用保险箱。可是，银行保险箱租用费用是相当昂贵的。

他又想，怎样才能用更低成本保证他的资产安全呢？

通过咨询，他发现一个现象，那就是，在银行贷款，需要资产作为抵押。而资产抵押并没有规定上限。那么，可不可以用最低贷款获得这些资产抵押呢？最低贷款需要支付一定费用，但远低于租用银行保险箱费用，不是就可以了吗？于是，这位犹太人贷款一美元，用其国库券、股票资产作为抵押，从而就有了犹太人的故事。

◇ 思考：从案例中，对于犹太人的思维方式，有何启示？

____

____

____

作为烟草培训师，授课时经常会用案例进行分析。这个时候，要充分应用反向思维。很多时候，比如，如果只是关注正常情况，就不会引起学员兴趣，此时，除了分析正常情况外，还要特别注意那些异常情况。

XX烟草公司客户经理所管辖片区D品牌最近一周的跟踪记录

D品牌是国家烟草专卖局“20+10”重点骨干品牌，××烟草公司半年前引入，为了做好D品牌的培育发展，品牌培育部门选取了销售D品牌卷烟的10家重点零售客户进行每日销售跟踪。以下是最近一周的跟踪记录：

名　称	上周日库存	本周配送日	本周配送量	周一销量	周二销量	周三销量	周四销量	周五销量	周六销量	周日销量	本周日库存	平均销量
客户1	8.6	周三	80	7.1	0.5	18.2	16.1	18.7	16.2	9.3	2.5	12.3
客户2	35	周五	76	10	8.8	9.2	4.2	16.3	14.1	15.8	32.6	11.2
客户3	0	周一	75	12.8	16.5	10.1	13.1	9.5	10.4	2.6	0	10.7
客户4	6	周三	66	5.2	0.8	9.8	13.5	10.6	10	6.9	15.2	8.1
客户5	0	周五	60	0	0	0	0	29.5	20.2	10.3	0	8.6
客户6	8	周二	54	4.8	10.6	9.6	6.3	7	6.4	8.2	9.1	7.6
客户7	14.6	周二	52	6	11.2	8	6.6	5.9	9.8	8.3	10.8	8.0
客户8	24	周一	46	2.2	9.1	3.6	2.8	1.6	6.8	5.2	38.7	4.5
客户9	14.5	周四	40	4.2	6.3	4	8	7.2	8.7	9.2	6.9	6.8
客户10	7.6	周二	40	6.9	10	6.2	8.2	7	5.3	3.8	0.2	6.8

◇ 思考：从上述表中，作为客户经理，应该怎样进行分析？

面对客户经理和市场经理这样实战性很强的学员，经他们思考讨论后，培训师在进行归纳总结时，特别要提到以下几个方面：

从表格可以看出，总体异常客户分别是客户5和客户8，即客户5 配送3 天内就售空，客户8销售比其他慢很多。这是很不正常的现象，需要引起高度关注。当然，根据经验，培训师可以结合自身经验，或者通过学员提出的可能现象，进行归纳总结。比如，客户8，是否是经营不善，还是周围存在恶性竞争等？

从每个客户个体分析：

客户1：上周日库存是8.6，可配送日是周三。每天平均销量为12.3，显然，在周一、周二销量受到库存量不够的影响。到了本周库存只有2.5。如果还是按照周三配送，可预计到周一、周二基本没有库存可卖了。

客户2：销售基本稳定，库存稳定，较为合理。

客户3：连续两周库存为0，应引起高度重视。显然，在上一个配送周期内，周日销量偏小，主要是因为库存原因。

客户 4：周一、周二销量偏小，受到上一次库存偏小影响，本周库存较为合理。

客户 5：连续两周库存为 0。更为特别的是，只有在配送后才大量出售，三天内售完，且量较大，应引起特别关注。

客户 6、7：销售基本稳定，库存稳定，较为合理。

客户 8：销售很慢，已经涨库（配送前一日库存占配送量 60%以上），应引起高度重视。

客户 9：配送日期为周四，平均销量为 6.8。本周库存只有 6.9，明显偏少。

客户 10：从两次库存来看，库存递减。本次库存只有 0.2，平均销量为 6.8，显然，周一基本处于断货状态。

得出结论：

（1）通过对客户逐个进行分析，可以对不同客户进行简单分类。作为培育 D 品牌的客户，可以进行划分。

（2）从平均销量来看，客户 1、客户 2、客户 3，每天平均销量都超过 10 条，是销量重点客户。而客户 8 为平均销量最小。

（3）从库存量分析，有客户 1、客户 2、客户 7、客户 9、客户 10 的库存量下降，其中客户 1、客户 9、客户 10，库存相对减少较快。客户 3 和客户 5 都是零库存。其他库存都存在增长，其中客户 8 库存增幅很快。

（4）按照培育 D 品牌重点客户来看，客户 3 是重点客户，不仅平均销量大，而且库存在下降。同时客户 5 也值得关注，由于其销售的特殊性，应引起高度重视。作为客户经理，应及时跟踪和拜访。

那么，对于客户经理而言，对于客户 5 和客户 8 要重点跟踪，排查原因。如果培训师对每个客户都进行全面分析，很难达到培训效果，而且学员觉得没有重点。很多时候，异常点才是兴奋点，优秀的职业培训师，经常会挑动学员思考，发现异常之处，从而带动大家积极学习。

* 应用启发思维来激发学员学习

成年人学习特点决定了需要培训师充分应用思维启发方式激发学员学习，可以从以下几个方面加以提升：

多提开放式问题

培训师提的问题有两种，一种是开放式问题，另一种是封闭式问题。一般而言，开放式问题容易启发学员思考，建议培训师多提这方面的问题。比如，讲到“水”，可以就“水”提问题：水有什么用途？水为什么会变冷？水可以有哪些颜色？什么东西在水里漂浮？水里通常有什么东西？同样，培训师结合授课具体内容，结合实际，向学员问具体事物的问题。再如，可以向学员提“有什么用”一类的问题，如：制度有什么用？电脑有什么用？数据有什么用？记录有什么用？文件有什么用？又如，可提问“怎么办”一类的问题。如，假如你是厂长，你觉得怎么办？你是主管怎么办？你是员工怎么办？你是监督管理部门怎么办？

对上述各类的类似每一个问题，鼓励学员答得越新奇越好。对于那些异想天开的想法要鼓励，目的是为了开拓思路。当然，对于异想天开，并非都很符合逻辑的答案，需要培训师加以引导，否则课堂变闹堂了。

面对学员实际工作中出现的问题，培训师应多问问为什么。例如，一台机器停止了工作，面对这种问题，如果你是培训师，你会怎么办？再来看看丰田公司生产副总裁大野泰是怎样通过刨根问底式的问题来寻找问题根源：

（1）“为什么机器停止了工作？”“因为它超负荷运转，保险丝烧断了。”

（2）“为什么会出现超负荷现象。”“是因为轴承的润滑油不足。”

（3）“为什么轴承的润滑油会不足？”“因为润滑油油泵无法充分泵油。”

（4）“为什么油泵不能充分泵油？”“因为油泵的曲轴坏了，它运行时嘎嘎作响。”

（5）“为什么油泵的曲轴会坏？”“因为没有给它装过滤网进行保护，让金属碎片漏进去了。”

不难看出，通过一连串问题，启发思考，如果在任何一处停下来，那么都将意味着没有找到问题的根源。刨根问底的目的就是要透过层层表面现象看到问题的实质，最终达到一劳永逸地解决问题。而不是点到为止，只看到一些表面的问题，让学员总感觉浅尝辄止，没有进步。

鼓励学员提问

回答问题是一方面，鼓励学员提问又是另外一个方面。当学员提问题的时候，有人就觉得是学生在故意捣乱。其实不然，就看学员所提的问题是否与授课有关、与主题相关，而不完全都是故意刁难性质的。由于成年人长期在实践中形成固有的思维模式，使得好奇、探究的积极性减弱。如果能够很好地启发和鼓励学员提问题，将会极大激发学员学习积极性。从另外一方面而言，能够提出问题的学员，说明在思考，在认真听课。

一些小技巧：可以在课堂上买一些小奖品进行奖励，比如口香糖之类的。当学员积极发言和表达的时候，可以提供一两片口香糖，既做奖励，也做鼓励。同时，也能满足人们的成就感和收获感。

在游戏中激发创造性思维

爱玩游戏是人类的天性，也是启发人类思维的有效途径。从小开始，谜语游戏对启发幼儿发散思维、逆向思维与侧向思维以及开拓思维的灵活性、广阔性起到独特作用。同样，现代人在繁忙工作中抽空来学习，应倡导在快乐中学习，能够做到“在玩中学，在学中玩”，这是每一位培训师心中所追求的理想课堂。游戏是一个很好的培训手段与载体，它能够很好地调动学员的积极性和主动性，让学员在快乐中轻松地学习。一个好的游戏活动能够把培训课堂气氛推至高潮，使每一个学员全身心投入学习的世界。但是，如果培训游戏设计不好的话，不但起不到预先设计的效果，还会引起反面效果，如引起课堂秩序混乱或者让学员觉得是胡闹剧等。

具有启发性的游戏一定具有以下方面特点：

一是目的性。

游戏必须为培训服务，要根据教学内容和教学目的的需要进行安排设计，而不是随意进行。这就需要培训师在设计游戏活动时充分考虑培训的难点、兴奋点和其他培训目的。游戏不能力求面面俱到，不能过多，不能忽略了主要培训内容的讲授和训练，喧宾夺主。

二是创造性。

要想启发学员，培训游戏本身就具有创造性的特点。游戏活动有了创造性才能有它在课堂中的生命。要有新意，能引人入胜，如果游戏呆板，不能激发学生的兴趣和热情，就不能达到设计的效果。

三是参与性。

只有激发每个培训学员的思考，同时大家积极踊跃表达自己观点，那么，才会更具有启发性。在游戏培训过程中，应注重面向全体学生，难度适中，让学员都能够参与。在激发学员的主动参与亲身实践中，培养独立思考和合作探究的创新精神、实践能力，于无形中调动学员自身潜在的资料库。但组织要得法，做到有条不紊，活而不乱。

四是分层性。

结合课程内容，根据学员素质、性格特点、记忆力、反应速度等，在心中把学员分三个层次，即高、中、低，因材施教，分层要求，用最有效的激励机制促使学员不断上进。

克服单向思维

人类思维具有活跃性，但常常是一种单向思维，即习惯于自身视角认识事物，看待问题。比如，小孩子有一种行为，当他不愿意被别人发现时，就用小手捂住自己的眼睛，以为人家看不见他了。其实，大人也常使用同样的单向思维方式，比如掩耳盗铃就是典型的单向思维方式。这种思维容易走极端，妨碍创造性思维的发展，因此，就需要有意识地克服单向思维形式，培训师就需要有意识引导学员养成多角度、多方位、多功能、多途径思考问题的习惯。逆向思维、立体思维等方式，就能有效克服单向思维。有一个学者，正在一个礼堂讲犹太商法。一位学生来晚了，没有听到前面内容，很是遗憾，于是，就写了一张字条递给老师，解释自己的原因，并希望老师能够再讲一下犹太商法本身。这位学者看了字条之后，表示理解，并念了字条内容，然后请这位学生站起来回答三个问题。

第一个问题。

“假如有两个犹太人掉进了一个大烟囱，一个满脸是烟灰，一个很干净，请问，他们两个当中，哪个先去洗澡？”

迟到学生脱口而出：“自然是脏的那个！”

老师马上回答：“不是，脏的看到干净的，就以为自己是干净的；干净的看到脏的，就以为自己身上也是脏的，所以是干净的那个去洗澡。”

学生马上连连点头。

第二问题。

“假如还是那两个犹太人，掉进了一个大烟囱，一个满脸是烟灰，一个很干净，请问，他们两个当中，哪个先去洗澡？”

迟到学生很自信地说：“自然是干净的那个！”

老师回答道：“错，是脏的那个。因为有了第一次教训，干净的发现自己并不脏，而脏的那位自然明白自己是脏的，自然就去洗澡了。”

第三个问题。

“假如还是那两个犹太人，再一次掉进了一个大烟囱，一个满脸是烟灰，一个很干净，请问，他们两个当中，哪个先去洗澡？”

迟到学生犹豫，全体学生都犹豫了，大家保持沉寂。

此时，老师用很响亮的声音回答：“同时掉进一个烟囱，能出现一个干净，另外一个脏的吗？这就是犹太法则，就是‘穷，也要站在富人堆里！’”

* 逆向思维在实际中的应用案例

很多时候，当对自己的目的或者目标明确时，然后倒着分解，那么，很多问题就会迎刃而解了。有一次，周末，约朋友到酒吧喝酒。期间，有一朋友接到电话，打了一会儿，就到外面接电话了。过了十来分钟，朋友进来。我们开玩笑地问他：“噢噢，女朋友来电话？”

他赶紧解释道：“没有，是女性朋友。”同时，他又跟我说：“我想请教你。刚才打电话的，是我高中女同学，已经结婚。她现在怀疑自己的老公有外遇，已经通过调查，感觉越来越不对劲了。她问我怎么办。我不知道。姚老师，你如何向我的同学建议。”

笔者听了之后，就说：“你的女性朋友，首先她想干什么？也就是说，她想实现的目标是什么？离婚还是想跟老公好下去！”

朋友说：“她想跟老公好下去！”

笔者就说：“那她就没有必要再调查他老公的事了。否则，就是自寻烦恼！”

同时笔者强调：“如果是为了离婚，就有必要查下去，证据越充分，以后对自己离婚时越有利。”

笔者瞎扯了一下，朋友似乎明白了。

电话又响起。朋友说，刚才因为对方电话没有电了。

朋友到外面接了两分钟电话，就回来，说：“她已经明白了。”

于是，这位朋友又问笔者一个问题，那就是他自己的事情。

笔者说：“说说看？”

朋友说：“现在这样一个情况，我有一个女朋友，她喜欢我，我却不喜欢她。我该怎么办？”

笔者大笑，说道：“开玩笑了，今晚怎么变成婚姻咨询会了。”

其他朋友也大笑。

笔者说："我想给你做一道选择题，就看你怎么选择，前提是你要明白，你觉得结婚是为了什么？我认为，结婚不是花前月下，更不是甜言蜜语。一旦结婚，就是生活中的琐碎组合。家庭是一个孤独了不会感到孤单的港湾，但同时，也会让你增添烦恼的场所，就看自己怎么处理。好了，言归正传，我出题，请你选择。A. 你喜欢她，她也喜欢你；B. 你喜欢，她不喜欢；C. 她喜欢，你不喜欢；D. 她不喜欢，你也不喜欢。当然，A. 答案最好，D. 答案一般也不会出现。至于 B、C 答案，我宁可选择 C，原因是这个世界我无法改变别人，但我能够改变自己。"

朋友听了之后，似乎明白了什么。

不过，笔者说了一句，感情世界是复杂的，笔者纯属从理性角度来分析。

这就是日常生活中的事情，但里面有一个简单的逻辑思维，就是你以什么方式解决问题。问题出现，首先我们又问自己一句，解决问题是为了什么，然后以此来倒推我们该做什么。这样，你努力了，没有成功，是不会后悔的。否则，稀里糊涂，最终没有后悔药可吃。这就是逆向思维的另外一种状态吧。

在很多时候，思维方式决定了我们的做事效率。

有一次到朋友家，他的爱人正给儿子喂饭。吃饭过程中，小孩不停地玩着桌上的饭菜。忽然间，小孩把炖给他吃的炖肉打翻了，肉汤流出来。朋友的妻子见状，惊慌失措地喊道："哎呀！烫着了，烫着了。"小孩的奶奶、爷爷紧张地冲过来，忙问："怎么样？怎么样？"

小孩哭了，嘴里不停地说："妈妈抱，妈妈抱。"

小孩妈妈自然伸手把小孩抱住，并命令小孩爸爸："赶紧拿醋来！"

小孩的奶奶说拿盐巴，小孩的爷爷说拿芦荟擦，于是大家你一言我一语地在那儿出主意。小孩的妈妈见笔者的朋友没有动静，很生气地说："你耳朵聋了？赶紧拿醋来。"

笔者坐在一旁，观察着小孩吃的炖肉，是一小点。若是大人吃，一大口就可以吞下。于是，笔者站起来，伸手过去摸了一下炖肉的碗，感觉是冷的。

小孩的爷爷似乎明白了什么，也赶紧过去摸炖肉碗，紧接着说："这已经抬出来好一会儿了，不烫了。"

于是，一场虚惊就这样结束了。小孩也不哭了。

笔者坐在一旁不禁产生了以下几个想法。

第一，我们的思维惯性都有一个前提假设。

我们日常遇到问题的时候，有没有去找问题的根源是什么，而经常被很多所谓的前提、假设所麻痹。可我们经常为了解决问题而去解决问题，从来都没有考虑，这本来就不是问题呢？比如，当我们看到小孩碰到肉汤，习惯思维就觉得肉汤是烫的。同时，一看到小孩哭了，就以为是被烫着了。其实不是，而是被大人们吓着了。

第二，为什么笔者会想到去摸碗，别人不会去摸碗呢？这不是在自我吹捧，王婆卖瓜。一个人的思考问题方式是从小就需要培养的，需要长期坚持，才能慢慢形成习惯。多角度思考问题是我们解决问题的根本方法。

第三，如何教育。如果小孩果真被烫着了，就应该加以教育，而不是在那儿哄孩子。小孩是哄不大的，而是不断让他思考，在吸取教训中长大。比如，朋友的父母应该这样说："宝宝乖，你刚才不是被肉汤烫了。是不是很疼？是很疼吧。以后宝宝不要玩桌上吃的东西，不然宝宝就会再被烫着了。"

如果小孩第二次再弄翻了被烫着了，此时哄都不要哄，直接跟他说："上一次不是跟你说了，难道自己都不记得被烫会疼吗？不要哭了，以后自己小心为是。"

其实，这个时候，小孩就开始思考自己做的事情，反思自己的过错。否则，小孩就会以为被烫，都是外部原因造成的，养成一种非常不好的习惯思维，从不反思自己，不承担责任。为什么现在小孩很不愿意承担责任，其实都是从小养成的。责任在于父母教育时，潜移默化中左右了小孩的将来习惯。有人说，现在小孩工作态度不好，不负责任。教育专家早就归纳总结，小孩的一些行为，病根于家庭，病象于学校，病发于社会。

第四，如果再继续深入思考问题，那就是为什么会打翻炖肉碗呢？说明平时爱去玩这些吃的碗吗？如果不去玩，那发生的概率就很低。如果经常玩，自然发生的概率就高。据笔者所知，这位朋友家的小孩经常玩放在桌上吃的东西。如此而言，问题只能是出现在父母教育上，毕竟小孩不懂道理，但大人一定要讲原则。否则，没有原则下教育出来的小孩，以后就永远不会讲原则。

再反思我们的日常工作，也许经常忙得一团糟，可最后又怎样呢？简直就是在瞎忙。因为我们很多时候处理问题的方式和方法被过去习惯思维的某种前提假设所框定，结果忙成为了"时髦"。

第十二章
新时期烟草企业培训

本章主要概述了当前烟草行业员工基本现状、当前烟草行业培训工作存在的主要问题、让培训来得更有效。通过本章学习，作为烟草行业培训师，了解行业培训现状、特点以及应对措施，更好地服务于烟草行业学员，从而服务于烟草行业发展。

随着国家烟草专卖局提出“532”和“461”品牌发展规划，烟草企业致力推进卷烟上水平，注重规模与效益双提升。要实现行业发展方式转变，关键在于人的素质提升能否与卷烟上水平相协调。企业的竞争归根结底是人才的竞争，在新一轮的行业改革发展中，谁能脱颖而出， 将取决于人的素质是否适应新时期发展的需要。培训是人力资源开发的重要职能之一，是提升员工整体素质的重要手段，是现代企业必不可少的一项投资活动。关注培训，成为新时期人力资源管理中的焦点热点。

★ 当前烟草行业员工队伍基本现状

图 12-1　2011 年 6 月 25 日烟草行业发展态势与竞争格局培训

要做好培训，需在培训前对烟草业内员工的基本素质有个整体把握，才能对症下药，达到预期效果。据统计，在烟草行业内，75% 的管理人员具有中专以上学历，83% 的管理人员年龄在 45 岁以下。中级以下专业技术人员占行业总数的 84%，63% 以上的专业技术人员年龄在 45 岁以下。受人员就业压力影响，烟草行业内近十年来大中专毕业生就业人数明显下降，尤其是工业企业更是减少招聘人数，出现人才断层，企业平均年龄偏大，有的工业企业平均年龄甚至超过 40 岁。同时，在 20 世纪 90 年代中后期，相当部分工业企业进行了大规模的技术改造，引进大批人才，形成人才高比例集中，结构严重不合理，目前年龄集中在 40 岁左右。年龄趋老，意味着知识老化。因此，除了对专业技术人员进行必要的继续教育，提高管理人员和专业技术人员的专业理论水平和技术水平外，还需要针对人才断层现象，有针对地进行技术知识更新和开展针对新引进人才如何更快适应企业发展需要的培训成为当务之急。

★ 当前行业培训工作存在的主要问题

1. 对培训工作认识有待提高

相当部分企业管理者对培训工作的重要性认识不足，经常是说起来重要，实际落实不重要。笔者在做培训过程中，经常听到很多企业管理人员抱怨，最头疼的事情不是市场、不是产品，而是人才。同时，也经常听到烟草企业一线主管发牢骚，平时觉得人多，关键的时候却找不到人。原因何在呢？笔者问企业管理者，人才是第一资源，培训很重要，可你们花了多少时间关注人才培养和培训工作呢？而且能够亲自培训自己的下属和员工吗？回答几乎令人诧异，基本为零。很多企业管理者都认为，培训是培训部门的事情。

2. 培训缺乏系统性，没有着眼于企业未来和员工发展

自工商分离以来，纵观行业内的职工培训，尤其是商业企业，对如何提高职工业务水平和技能水平，做了很多工作，但从全局、长期和发展来看，在一定程度上存在着形式化、表面化和零散化的现象。

一方面，企业培训工作仍习惯于传统的人事管理，忙于具体事务性工作，缺乏战略观念，没有结合企业战略发展需要、着眼企业未来，对企业在不同发展阶段和人的发展需求认识不足，对企业经营发展转型对于员工提出的新要求缺乏系统研究。

另一方面，培训工作始终停留在较为简单的知识传授和技能提升培训上，只注重员工个人能力的开发，过程中缺少系统性。具体而言，在培训目标设定上，没有把企业发展需求和员工个人发展要求相结合，基于短期考虑的多，对长期思考的少；基于应急的多，系统考虑的少；基于企业需求的多，考虑员工个人发展的少。在培训组织上，摊派式安排人员，硬性式组织，主要目的是完成上级部门下达的培训目标任务，结果是该来培训的员工没有来，不该来的经常来。在培训内容上，流行什么就培训什么，想培训什么就培训什么。在计划落实上，计划的多，落实的少，缺少必要监督和管理。

另外，行业内培训也形式多样，国家烟草专卖局培训中心、行业进修学院、各省烟草培训学校以及各企业内部培训机构，如何发挥挖掘好这些资源，需要系统考虑。

3. 培训不分层次，针对性不强

培训工作是一项系统工程，需要结合企业组织架构和发展形势作出调整。从培训组织职能上，商业企业取消县级法人资格，工业企业建立四大中心划分法人实体，那么，面对企业组织架构调整，更应该考虑分层次、分层级组织培训，而不是全揽全包。

图 12-2
2011 年 3 月 25 日新形势下的烟草发展态势培训

从人员培训来看，要有针对性，员工业绩不好，只有两个原因，可能是“态度”有问题，也可能是“技巧”有问题，一定要对症下药。同时，需要根据不同的人员层次、学员对象来组织培训。

然而，相当部分企业组织培训，经常遇到这样一种场面：人员杂，人数多。具体而言，人员杂是指来接受培训的员工从事不同工作，在企业中处于不同层次、业务针对性不强的人集中在一起培训。人数多是指企业上上下下所有员工一起参与，除了企业高层之外，不管业务是否对口，一揽子培训。笔者到国内多家烟草商业公司做过客户经理培训。当步入教室时，不禁让人诧异。第一是场面大，单次培训人数达 200 多人。第二，人员杂，客户经理、电访员、送货员、稽查员和部分新进的客户经理，甚至还有部分中层管理人员等。笔者就问企业培训负责人：“为什么要组织这么多人来培训？”相关企业负责人是这么回答的：“组织一次培训不容易，而且成本这么高，一定让更多员工从中受益。”其实，这种不分层次的培训，角度不一，见解不一，效果自然不佳。

4. 培训不是来解决问题，目的产生偏差

很多企业都把培训当做解决实际问题的手段，这是一种误区。比如，当前烟草行业在深入推进用工分配制度改革，国家烟草专卖局要求要突出岗位管理和绩效考核。很多企业对绩效考核认识很不到位，尤其中层管理人员更是认识有问题，困惑重重。为此，有一企业为此组织专门的绩效考核培训。在培训过程中，笔者发现，学员总想让讲师帮他们解决问题，当讲到绩效沟通的时候，举例某个外国企业案例，有学员就

站出来极力反对说："姚老师，你刚才讲到，在目标设定的时候，上级经理建议，直接经理负责，员工参与，这是一种理想状态。我们是烟草行业，是国有企业，很多工作都是对上级负责，上级经理不可能是建议，而是直接负责。"

不难看出，学员把讲师所讲内容都当成了真理。也就是说，只要是讲师讲的都是对的，都要按讲师讲的要求去做。讲师一旦讲的内容与企业实际不同，操作方式不同，就产生了困惑。其实，我们从学员反馈的问题来看，把培训师当做了他的上司。他的上司了解公司情况，了解行业和企业文化，可以辅导解决问题。可一个外来的讲师怎么可能解决呢？

5. 管理人员培训不到位，素质和能力难以达到现代企业管理需要

管理人员是企业生产经营活动的核心，他们的素质和能力高低直接决定了企业活动的成败。管理人员是执行者，也是下属的辅导者，更是带领自身团队的引领者，人力资源管理的第一责任人，自身素质的高低将决定整个团队的素质和能力的高低。很多企业对管理者一般都是"先提拔，再培养"，成长靠觉悟、靠天赋，而不是靠制度、靠模式，没有形成管理人才培养规划和后备管理人才培养机制，不适应企业高速发展的需要。同时，烟草企业管理人员"能上不能下"现象还长期存在，如果素质和能力无法达到要求，处在一个关键岗位，长期处于不胜任状态，对下属成长是一道屏障，对企业将是巨大损失。

图 12-3　2011 年 3 月 31 日红塔集团合作生产交流培训会

＊ 烟草企业培训的一些建议与对策

有效的培训，不但有利于员工自身发展，还有利于提升组织的人力资本投资收益。人力资本理论告诉我们，培训是投资人力资本存量的最基本手段，是企业长期投资的一种行为。要更加有效地做好培训工作，使培训活动更加符合企业发展实际，让培训

真正有效，发挥其更大的作用。

1. 提高对培训工作的认识

行业发展总是处在不断变化中，对企业员工的知识结构、业务水平和专业技能等的要求越来越高，就有必要进一步转变观念，明确培训是提升员工素质和能力的重要手段，是企业长期可持续发展的新动力，是实现行业“532”品牌发展的支撑力。树立企业各级管理主管是人力资源管理的第一责任人，培训下属是自身管理工作义不容辞的责任。奥康集团总裁王振滔所言：“给员工充电，就是给企业充电，员工综合素质提升越快，企业发展也越快。”

2. 分析培训需求

要达到预期效果，更加具有针对性、系统性、计划性，培训需求分析是必要前提。然而，这是一项十分专业，但也比较难以开展的工作。为了开展好需求分析工作，至少要做三个层面的分析。

（1）企业需求分析。

图 12-4　2011 年 9 月 19 日维修人员知识管理培训

主要针对企业发展战略与队伍素质进行分析，找出存在的问题及其根源，以确定选择培训方式，确保培训计划符合企业发展需要，动态跟踪。比如，根据企业未来一段时间发展战略要求，预期未来在烟草市场营销上可能发生哪些变化，这些变化将对未来营销能力带来哪些影响，需要哪些知识、能力和素养，判断出员工需要哪些方面培训，根据变化，作出相应调整。

（2）工作需求分析。

结合岗位要求，员工必须具备哪些知识、能力和素养，这是胜任岗位基本要求，也是人力资源管理的基础工作。针对不同岗位的绩效导向进行培训需求分析，所关注的是“员工必须做到什么”，而不再是“员工必须培训什么”，满足岗位基本胜任能力。

（3）员工需求分析。

员工需求多元化，但必须引导员工需求与企业需求相吻合，达到员工满意。对于烟草企业而言，及时了解员工的需求，就应该给予更多培训机会，这是留住人才的有效方法。尤其是关键岗位和关键人才培训需求分析，直接关系到企业价值链贡献。比如，对于年轻员工，对知识的渴望和技能的提升很强烈，对于年纪较大的员工，得到尊重的需求比较强烈，那么，在做培训时，就需要根据自身需求，进行相应的培训。

3. 加强管理人员培训

管理人员培训需要系统规划，是企业培训工作中的一项长期活动。在建立起有效的培训机制基础上，对各级管理人员，尤其是中高层管理人员进行培训。对管理人员的培训，应该着眼于整体素质的提升，而不是个别问题的培训。具体而言，要加强宏观意识、行业发展态势、企业发展战略等概念技能提升，还需要加强管理人员的沟通能力、财务能力、人力资源管理能力等基本管理技能，通过系统培训，建立系统思维，搭建框架性知识，提高执行能力。具体做法是全面考察管理人员的管理绩效、能力水平，找出他们在经营管理中出现的关键性问题，发现“短板”，然后以此为突破口，带动并加强对整个管理层的培训。

为了能够更好推进培训工作，加强管理人员作为企业培训师培训力度，有利于营造良好的企业培训氛围，同时可以扩大内部培训师队伍。未来的职业经理人，不仅是业务高手，更是培养员工的导师。

4. 把培训工作与员工职业生涯管理结合起来

图 12-5
2011 年 4 月 15 日员工职业发展通道课程培训

很多企业做培训都有一个感受，那就是员工对培训的积极性不高，根本原因是培训工作没有与员工自身发展相结合起来。在职业发展通道内，设计相应的职业资格，即员工具备职业通道内某一职业技能等级所要求具备的资格和能力。也就是说，员工想在自身职业通道上获得更好的发展，需要通过相应的培训获得知识、能力和素养，从而获得相应的学分，让员工及时“兑现”对培训的投入，真正感受到培训给自身带来的发展。这使得员工获得培训不是为了公司业务的需要，而是为了自身发展的需要。只有把接受培训当成自身发展需要，员工才有动力接受培训，而且能够感受到未来个人发展的希望，最终目的是根据企业发展目标，提高员工的整体素质，挖掘、培养人才，激发员工的上进心和责任心，提升员工的凝聚力和向心力。

⋆ 如何让培训更有效

图 12-6
2011 年 4 月 23 日红塔集团内部培训师培训

培训作为员工的一种重要的福利手段，这在业界并无多大争议。但培训作为一种激励，并不是每个企业都能做到这一点，原因是企业培训管理工作大都没有系统规划。

有一种观点认为，薪水是发给今天的工资，而培训是发给明天的工资。也就是说，员工通过培训，让自己与企业共同成长，从而促进自身的发展。因此，这种福利也就成为员工未来加薪的重要筹码。

然而，在培训日益受到企业重视的同时，不禁要问一句，企业培训组织工作真的无可厚非吗？

在笔者接触的很多企业中，真正做到培训既是福利，又能起到激励作用的不是很多。相当部分企业组织培训，经常见到这样一种场面：人员杂，人数多。具体而言，人员杂是指来接受培训的员工从事不同工作，在企业中处于不同层次，业务针对性不强的人集中一起培训。人数多是指企业上上下下所有员工一起参与，除了企业高层之外，不管业务是否对口，一揽子培训。

从培训师角度而言，上课过程中，就是不断分享培训产品的过程。为了能够顾及更多群体，就不得不综合考虑接受培训产品的对象，同时通过现场互动的形式及时调整培训内容和培训方式。然而，面对众多的群体，作为专业性较强，业务较有针对的培训，就会出现顾及失彼。最后形成一种结果，该培训的对象，觉得深度不够，讲解不够透彻。而随便来听课的对象，就会觉得较难听懂，甚至很多知识一窍不通。于是，怨言不断。同时，人员众多，授课老师为了能够控制局面，经常使用的方式，就是通过讲解日常生活中的案例，一是让大家都听懂，二是调节气氛。但是，这种采取避开主题的案例来讲解，虽然也能说明问题，但这种方式需要根据学员的领悟能力才能真正理解。否则，场面听起来激动，回去基本不动的局面比比皆是。

正是出现这些状况，笔者建议，培训必须要有针对性、层次性和长期性，最终达到激励的效果。

＊如何才能做到

培训必须是员工主动需要的

企业培训，大部分都是企业要员工培训，而不是员工自己想培训。比如，当接到培训组织部门通知需要进行某方面培训的时候，主管首先反映就是今天谁有时间，也就是说，看谁比较清闲，而不是看谁最需要培训，是不是按照部门规划或者员工职业生涯规划安排培训。如果说张三平时没有什么事情，主管就会对张三说：“今天你没有什么事，那就到培训中心上课吧。”于是，形成一种情况，平时业务繁忙的员工，越得不到培训；越清闲的员工，培训的机会就更多。对于组织而言，这是一种很不正常的现象。也就是说，来培训的员工，大部分都是自身不想来的，是主管安排来的。不难想象，这种人到课堂上课的场面将会如何。

那么，怎样才能让员工觉得培训是自身的需要呢？培训课程有很多种，按是否有针对性来分，可以分为针对性课程和非针对性课程。针对性课程一般专业性较强，而非针对性课程，一般都是通用性较强的课程，比如，激励类、成功类、个人发展类课程。对于针对性较强的课程，应该与员工职业发展通道相结合。也就是说，员工想在自身职业通道上获得更好的发展，一是需要通过相应的培训，二是需要通过相应专业的考试。这使得员工获得培训不仅是为了公司业务的需要，而且也是为了自身发展的需要。只有把接受培训当成自身发展需要，员工才能有动力接受培训，而且能够感受到未来个人发展的希望。

培训应该分层次的

从培训效果的角度分析，人员层次越集中，培训的效果越好。正如笔者接触的企业，培训场面的确很大，但这导致一种后果就是好像谁都可以来培训，谁都有机会培训。培训作为一种福利，人人都可以享受，从而弱化了培训机会的激励作用。但是，如果仅仅作为福利，就不可避免地让员工觉得，这本来就有自己的一份，也就是说，接受培训是理所当然的。当形成这种氛围，员工的积极性就难以发挥。这就需要采取分层次的方式进行管理。一般而言，员工个人职业都分为各种等级发展通道。当员工处于相应等级的时候，要想晋升到更高等级，就需要通过相应的培训。那么，获得相应的培训是获得职业发展通道的必要条件。此时，员工接受相应等级培训的，就意味着向更高等级的职业发展成为可能。对于这类员工，能够有机会接受培训，就意味着向上提升成为可能，也就形成一种暗示，从而激励员工。

图 12-7　2011 年 1 月 21 日红塔集团片区质量总监课程开发培训会

培训需要建立长线积分计划

员工通过短期培训，不可能起到立竿见影的效果，这也是培训工作难以组织的根本原因。很多主管都希望通过某种课程培训，在短期内就能让员工完全胜任或者有很大改观。有这种想法是可以理解的，但是，这是不现实的。知识首先是一个长期积累的过程。那么，怎样才能让员工主动地进行长期积累？这就需要建立长线积分计划。也就是说，对于不同的个体，采取不同积分方式：一是公共积分，二是专业积分。公共积分，也就是通常所说的在职务晋升上的基础条件，比如，相应的管理课程培训、领导艺术培训等。组织在准备提升一名员工时，该员工的长线积分，特别是提升前两年的积分将成为重要依据。不同职务等需要的积分不同，员工如果没有达到相应的积分，将无法获得晋升，所以专业积分成为职级调整的必备条件。员工在接受培训的过程中，自身相应积分不断积累，能为职业发展奠定基础，从而激励员工自身发展。

第十三章 烟草知识

本章主要概述了卷烟发展、我国烟草管理体制特征、中国卷烟品牌、2002 年以来行业改革主要政策、超百万箱品牌、卷烟上水平、中国烟草财税体制改革与调整历史沿革、中国卷烟单位换算关系、烟草信息主流媒体推荐。通过本章学习，更全面、更深入了解烟草常识，并提供学习烟草知识的主要媒体和途径。

烟草行业是个特殊行业。在这个行业里的员工，虽然身在烟草行业，但相当一部分人对烟草常识了解甚少，这并不夸张。因此，作为烟草培训师，很有必要了解烟草知识，并努力加以宣传，不断融入课程中。

＊ 卷烟发展历程

卷烟的发展历程，特别是其历史轨迹的演进，也是满足人类需求的历史。正如黑格尔说过，存在的就是合理的。

我们先从卷烟产品的作用谈起。卷烟是一个特殊产品，其功效颇多，争议更多。

烟草起源于美洲印第安人，经哥伦布带到欧洲后推广，这个时期，烟草的功用主要是用来治病。

印第安人用烟草来祈祷，具有浓重的当地文化色彩。在他们眼中，烟雾缭绕是最好的祈祷方式，保佑土地丰产，人丁兴旺。同时，分享烟斗是代表和平和问候。

哥伦布发现新大陆后，随即把当地土著人喜爱的 tobacco 带到欧洲。

对于烟草在欧洲文明之地传播，有两个人需要提及。

一个是法国人让 · 尼科，主要倡导烟草具有神奇的治病功效。

让 · 尼科是法国驻葡萄牙大使，当得到烟草之后，对此十分感兴趣。之前只是听说烟草可以治病等功能，尤其对医治头痛很有效果。先是他的一位助手的亲戚慢性溃疡被医治，从而使他更加迷信于烟草治病功效。当时法国王太后经常头痛发作，他就把烟草带回国内，并极力游说烟草功效。王太后试用之后，感觉不错，从此就喜欢上了烟草，并很快在宫廷中传开。法国的王公大臣们纷纷效仿这种高雅、时髦的嗜好，法国上层社会嗜好的盛行导致烟草一度身价百倍，普通烟草成了“太后草”。上层社会的吸烟美化了烟草的功效，吸烟很快遍及法国。当今社会把烟草中的一个成分，命名为“尼古丁”。“尼古丁”这个词就来自让 · 尼科这个人的名字。

另外一个需要提及的人是英格兰宫廷大臣华尔特 · 拉雷，他也极力倡导烟草的功效，但主要是作为昂贵的奢侈品加以推广。

烟草兴起之后，就遭到抵制。人们宣称其为“印第安罪孽”，是一种触犯上帝的、异教徒的野蛮行为。因此，各种各样的法律、制裁和税负加以限制烟草。早期反感烟草是从道德、排外和经济的角度来阐述卷烟的危害。

然而，如同所有“禁果”一样，烟草也是越禁越受到推崇。18 世纪中叶，烟草成为上流社会和知识界人士热衷的产品。著名的烟草商巴伦 · 约瑟夫 · 霍普曼把烟草带到俄国。

在美国，香烟的兴起取决于当时社会的两项运动所推动。

一个是世界大战。在美国，香烟也受到排斥，反烟运动十分盛行。但在战争驱动下，人们似乎忘记了烟草的危害。毕竟，香烟确实能够给士兵带来缓解紧张压力的作用。在战场上，面对间断性冲锋的时候，在与死神见面之前，恐怖与紧张可想而知。正如美国黑脸将军杰克所言："之所以能够打赢战争，是因为提供了和子弹一样多的香烟。"

另一个是女权解放运动。20世纪60年代，美国开始兴起女权运动。为了体现男女平等，能够看得到摸得着的东西就是香烟。香烟不仅仅是男人的世界，同样也可以是女人的享受。因此，在女权运动的推动下，香烟在女性市场开始盛行。同时，在女权运动进程中，把香烟赋予了神圣的使命——"自由的火炬"。吸烟代表着是自由，是解放，是男女平等。

在中国，卷烟的兴起始终与社会身份紧密相关。在物质匮乏的年代，"烟搭桥、酒开路"成风的"文革"中，那些凭票供应的香烟就拥有了其特殊的身份。改革开放之后，一部分富裕起来的人开始抽起红塔山品牌，之后，与身份紧密相关的香烟群雄崛起。

＊ 我国烟草管理体制的特征

我国烟草管理体制主要有四大特征，分别是国家专卖、国家垄断、政企合一和计划管理。

国家专卖

《烟草专卖法》第二条明确规定："国家对烟草专卖品的生产、销售、进出口依法实行专卖管理。"即国家对烟草专卖品的生产经营各个环节均实行专卖管理。而且实行的是国家专卖的专卖形式，而不是地方专卖。

国家垄断

除华美、高扬、华英有限公司，南纤、珠纤和部分商业企业以及部分多种经营企业实行股份制外，绝大多数的中央预算烟草企业尤其是中央预算卷烟工业企业采取国有独资形式，其中卷烟工业企业国有资产比重占95.6%。

政企合一

自1984年1月成立国家烟草专卖局以来，各级烟草专卖局仍与烟草公司采取一套机构两块牌子的运作方式。近些年来，在行业内部针对政企职能相对分开作了一些改革，并取得了一定的效果。

计划管理

在全国推行市场经济的环境下，烟草行业仍对卷烟产量和烤烟收购量实行指令性计划管理。同时，对卷烟生产实行“一号工程”，即严格按照计划进度安排生产，具体生产计划在每月一号下达。

＊ 中国卷烟品牌

13种名优烟

1988年7月28日，国家对全国13种名优烟调高基价，并放开价格。13种名优烟分别是玉溪卷烟厂的红塔山、阿诗玛、玉溪和恭贺新禧；上海卷烟厂的中华、牡丹、红双喜；昆明卷烟厂的云烟、红山茶、茶花、大重九；曲靖卷烟厂的石林以及长春卷烟厂的黄人参。

中国卷烟36种名优烟目录

红梅、红河、白沙、云烟、石林、红双喜、玉溪、红塔山、红山茶、黄果树、芙蓉王、恭贺新禧、阿诗玛、牡丹、中华、福、利群、黄山、红旗渠、红杉树、南京、红金龙、一品梅、中南海、七匹狼、金芒果、羊城、大红鹰、天下秀、石狮、猴王、五一、将军、娇子、迎客松、金圣。

＊ 中国卷烟百牌号目录

新石家庄、钻石、北戴河、玉兰、苁蓉、长白山、林海灵芝、中华、红双喜（上海）、上海牡丹、熊猫、中南海、北京、恒大、江山、南京、梦都、一品梅、华西村、红杉树、苏烟、利群、雄狮、新安江、西湖、大红鹰、五一、上游、黄山、渡江、迎客松、都宝、盛唐、皖烟、光明、红三环、七匹狼、乘风、石狮、沉香、金桥、金圣、庐山、赣、哈德门、壹枝笔、八喜、将军、大鸡、雪莲、红旗渠、金芒果、洛烟、黄金叶、散花、沙河、帝豪、金许昌、群英会、红金龙、红双喜（武汉）、黄鹤楼、长城、中美、白沙、长沙、相思鸟、芙蓉王、芙蓉、东方红、红豆、羊城、双喜、椰树、红玫、五叶神、甲天下、真龙、好日子、特美思、娇子、五牛、九寨沟、宏声、龙凤呈祥、天下秀、国宝、小南海、黄果树、遵义、桫椤、长征、驰、红塔山、红梅、阿诗玛、恭贺新禧、玉溪、人民大会堂、人参、云烟、红山茶、春城、香格里拉、茶花、红河、福、石林、吉庆、小熊猫、龙泉、钓鱼台、国宾、蝴蝶泉、美登、猴王、好猫、公主、延安、兰州、海洋。

* 中国卷烟名牌产品

2005 年，国家相关部门公布了中国名牌产品，其中，中国卷烟产品有 16 个入选中国名牌。

表 13-1　中国卷烟名牌产品及生产企业

名牌产品	生产企业
大红鹰	浙江中烟
中　华	上海烟草（集团）公司
云　烟	红云红河集团
白　沙	湖南中烟
红　河	红云红河集团
红塔山	红塔集团
芙蓉王	湖南中烟
双　喜	广东中烟
玉　溪	红塔集团
红　梅	红塔集团
红双喜	上海烟草（集团）公司
红金龙	湖北中烟
利　群	浙江中烟
南　京	江苏中烟
哈德门	山东中烟
黄果树	贵州中烟

* 知名品牌的基本条件

2009 年，为推进全国重点骨干品牌建设，国家烟草专卖局提出知名品牌，并具备以下基本条件：

(1) 必须是"20+10"全国重点骨干品牌。

(2) 品牌产销规模 100 万箱以上或品牌销售收入 200 亿以上。

(3) 品牌一二三类烟的比重达到 40% 左右。

(4) 单箱利税高于全国卷烟平均水平。

(5) 省际的交易比重达到 40% 左右。

(6) 具备应对国际市场竞争的实力与潜力。

"十二五"期间，知名品牌的产销规模、一二三类烟的比重、单箱利税、省际交易比重等均需按一定比例增长。

⋆ 重点骨干品牌及品牌文化

中　华　(上海烟草＜集团＞公司)：爱我中华

云　烟　(红云红河烟草＜集团＞有限责任公司)：红云映辉，吉祥如意

芙蓉王　(湖南中烟工业有限责任公司)：传递价值，成就你我

玉　溪　(红塔烟草＜集团＞有限责任公司)：上善若水，德行天下

白　沙　(湖南中烟工业有限责任公司)：鹤舞白沙，我心飞翔

红塔山　(红塔烟草＜集团＞有限责任公司)：享受不断挑战的乐趣

苏　烟　(江苏中烟工业公司)：中国苏烟，尊贵经典

利　群　(浙江中烟有限责任公司)：让心灵去旅行

红　河　(红云红河烟草＜集团＞有限责任公司)：万流奔腾，红河雄风

黄鹤楼　(湖北中烟工业有限责任公司)：天赐淡雅香

七匹狼　(龙岩烟草工业有限责任公司)：缔造传奇，勇往直前

黄　山　(安徽中烟工业公司)：一山一世界

南　京　(江苏中烟工业公司)：吐纳豪情，品味南京

双　喜　(广东中烟工业有限责任公司)：喜传天下，人人欢喜

红双喜　(上海烟草＜集团＞公司)：中华盛世，双喜临门

红　梅　(红塔烟草＜集团＞有限责任公司)：红梅香如故

娇　子　(川渝中烟工业公司)：境由心生，自在娇子

黄果树　(贵州中烟工业有限责任公司)：纵横山水黄果树

真　龙　(广西中烟工业有限责任公司)：天高几许问真龙

帝　豪　（河南中烟工业有限责任公司）：中国帝豪，大爱无疆
泰　山　（山东中烟工业公司）：和谐经典，儒风泰山
钻　石　（河北中烟工业公司）：至醇至诚，钻石永恒
金　圣　（江西中烟工业有限责任公司）：在大同的世界里创造大不同
好　猫　（陕西中烟工业公司）：心随好猫，意纵天高
兰　州　（甘肃烟草工业有限责任公司）：悠悠兰州，九天揽秀
长白山　（东方神韵）（吉林烟草工业有限责任公司）：科技体现关爱
中南海　（上海烟草＜集团＞公司）：科技创新生活
都　宝　（安徽中烟工业公司）：世界向我看
金　桥　（福建中烟工业公司）：国际金桥，世界眼光
贵　烟　（贵州中烟工业有限责任公司）：贵，是一种态度

＊ 2002 年以来行业改革主要政策

自 2002 年行业提出“大市场、大企业、大品牌”，全行业围绕“三大战略”推进改革。

大市场

2002 年，全国烟草企业组织结构调整，提出了取消县级公司法人资格的改革任务。

2003 年，实施了工商管理体制分开改革——“工商分离”，抑制地方保护的蔓延。

2005 年，全国烟草工作会议上，国家烟草专卖局正式提出要在行业内进行按客户订单组织货源的试点。明确提出在烟草行业未来发展中，要使市场成为解决资源合理优化配置的动力，实现烟草资源在更大范围内自由流动。姜局长将“按客户订单组织货源”改革试点定性为“一场意义远大于工商管理体制分开的革命”。

2005 年 4 月，国家烟草专卖局确定大连、深圳、杭州市烟草公司面向全国烟草企业，浙江省公司面向省内工业企业开展“按客户订单组织货源”的试点工作，并下发了《关于开展“按客户订单组织货源”试点工作的意见》。2006 年，按订单组织货源扩大到浙江、山东、山西三省，2007 年扩大到全国所有重点城市，2008 年在全国范围内全面推广。

2008 年，在国家烟草专卖局出台《关于卷烟工业跨省联合重组工作的指导意见》中，将不同品牌的产销量纳入工商企业经济运行考核的重要内容，特别要加大全国性

重点骨干品牌的考核力度。

2010 年，《“十二五”卷烟品牌发展规划（讨论稿）》，充分发挥市场机制作用。按照全国统一市场建设的要求，对知名品牌实行无条件市场准入政策，努力营造公平公正的市场环境。加大对知名品牌培育的力度，商业销售增量计划要全部用于知名品牌，同时保证销售存量计划中知名品牌的比重每年要有一定比例的增长。要通过知名品牌的培育引导消费、提升结构，保持销量和结构的增长。

大企业

2003 年，发布了《10 万箱以下卷烟工业企业组织结构调整规划》，明确了目标和时间进度表。同年，国家烟草专卖局改由国家发改委管理。

2004 年，国家烟草专卖局提出了“深化改革、推动重组、走向联合、共同发展”的行业主要任务，同年印发了《关于进一步推动卷烟工业企业组织结构调整工作的指导意见》。

2005 年 11 月，国务院下发 [57] 号文件规定：各地的烟草行业资产将统归中国烟草总公司，由中国烟草总公司承担国内烟草行业的决策和管理职能。

2006 年，开始根据 [57] 号文件进行资产上划，理顺产权，转变职能，建立烟草现代产权制度和企业制度。

2007 年，正式提出培育“两个十多个”、“两个跨越” 的战略目标。要求卷烟工业企业实现由省内市场依赖型向面向全国统一大市场的跨越，由面向国内市场向国际市场的跨越。

2007 年，国家烟草专卖局制订印发了《关于省级工业公司建立董事会工作的指导意见》、《省级工业公司董事管理暂行办法》等规范性文件，按照“在探索中起步，在实践中完善”的要求，在广东、浙江、湖南、湖北四个省级工业公司开展了建立董事会试点工作。

2008 年 3 月，由于国务院机构大部制改革，国家烟草专卖局划归工业和信息化部。

2008 年 5 月，国家烟草专卖局出台《关于卷烟工业跨省联合重组工作的指导意见》，给予增加卷烟计划指标奖励。

2010 年，《“十二五”卷烟品牌发展规划》（讨论稿），立足更高层次实施“大市场、大品牌、大企业”战略。应用行政手段与市场手段，积极创新跨省联合重组的新方式，探索新的体制机制与管理模式，克服制约知名品牌发展的体制性障碍，破解资源瓶颈，促进更大范围内的资源优化配置好要素合理流动。

跨省兼并重组情况

1. 跨省兼并重组

1998年，红塔兼并吉林长春烟厂迈开了行业跨省兼并的第一步。2003年，湖南常德烟厂兼并吉林四平烟厂。2003年，四川、重庆组建川渝中烟。2003年，上海烟厂兼并北京、天津烟厂。2004年，湖南长沙烟厂重组宁夏吴忠烟厂。2004年，曲靖烟厂重组内蒙古乌兰浩特烟厂。2005年，红河卷烟总厂兼并了新疆烟厂。

2. 跨省参股入股

2002年，红塔入股海南烟厂。2003年，红塔入股辽宁烟草。2003年，昆明烟厂入股山西烟草。2003年，昆明烟厂入股内蒙古呼和浩特烟厂。2005年，湖南长沙烟厂入股河北石家庄烟厂。2009年，浙江中烟入股甘肃烟草工业公司。2009年，湖北中烟入股黑龙江烟草工业公司。

3. 中烟实业

2004年，国家烟草专卖局将哈尔滨总厂、深圳烟厂、延吉烟厂、兰州烟厂以及海南红塔、红塔辽宁、山西昆明、内蒙古昆明4家原省级公司持有的股权划归中烟实业。

大品牌

2004年，颁布出台了《卷烟产品百牌号目录》。

2006年，国家烟草专卖局出台《中国卷烟品牌发展纲要》。目标任务：在未来5年内，坚持“中式卷烟”发展方向，以“百牌号”为基础，着力培育10多个全国重点骨干品牌；培育1～2个300万箱以上、3～4个200万箱以上的品牌，产销规模在100万箱以上的全国性大品牌集中度达到70%以上；力争将品牌（含低档烟）数量整合到100个左右；进一步推进减害降焦工作，焦油含量加权平均值达到12毫克／支以下，争取在减害方面有重大突破。

2007年，正式提出培育“两个十多个”、“两个跨越” 的战略目标。

2008年7月，国家烟草专卖局出台《全国性卷烟重点骨干品牌评价体系》，公布了“20+10”全国性卷烟重点骨干品牌名单。规定了对前20个品牌和10个视同品牌进行考核。

2009年5月，发布《国家烟草专卖局关于加快培育全国性重点骨干品牌的指导意见》。

2010年，提出“532、461”品牌发展目标，提出“知名品牌”。

这些年针对“三大战略”出台的系列措施还有：“突出市场的导向作用”，鼓励“适度竞争”；“两个利益至上”、“和谐烟草”；“按客户需求组织订单”；“贯彻落实科学发展观”，“建立现代企业制度”；“工商协同营销”；“严格规范、富有效率、充满活力”；“四个中心建设”；“加强董事会的建设”；“烟叶防过热，卷烟上水平，税利保增长”；“保牌、稳价、规范、增效”的调控方针。

★ 超百万箱品牌

2004年，白沙品牌真正意义上的超过百万箱，2007年，红梅、白沙突破2002箱。到2010年，有13个品牌突破100万箱，有六个品牌突破200万箱，其中利群品牌进入百万箱俱乐部，该品牌以二类烟以上。2011年之后，一类为主导的中华、芙蓉王和玉溪将陆续进入百万箱俱乐部。

表13-2 历年超百万箱品牌

	2004年	2005年	2006年	2007年	2008年	2009年	2010年
1	白沙	白沙	白沙	红梅	白沙	白沙	白沙
2	红梅	红河	红梅	白沙	红金龙	红金龙	红金龙
3	红河	红梅	红金龙	红金龙	红梅	红塔山	红塔山
4		红金龙	红河	红河	红旗渠	红旗渠	红旗渠
5			黄果树	哈德门	红河	红河	红河
6			红旗渠	黄果树	红塔山	黄果树	黄果树
7			芙蓉	红旗渠	哈德门	红梅	红梅
8			哈德门	红山茶	黄果树	双喜	双喜
9				双喜	双喜	云烟	云烟
10				红塔山	红山茶	黄山	黄山
11				芙蓉	云烟	哈德门	哈德门
12				云烟	黄山	七匹狼	七匹狼
13				黄山	七匹狼		利群

表 13-3　超百万箱品牌历年概览及未来“新贵”

（单位：万箱）

	2003	2004	2005	2006	2007	2008	2009	2010
白　沙	99.93	119.38	150.95	174.50	205.70	241.87	263.3	271.87
红金龙	17.96	52.11	107.48	150.92	195.65	199.79	221.57	231.56
红塔山	33.37	31.58	35.47	60.87	113.02	165.19	213.56	274.58
红旗渠	33.93	56.09	102.03	111.59	138.29	177.76	200.11	200.67
红　河	80.01	110.60	146.49	146.02	159.48	171.84	198.92	220.66
黄果树	51.40	77.35	96.61	129.41	154.40	147.48	181.80	168.20
红　梅	88.73	118.86	124.39	167.76	215.20	192.06	172.65	151.83
双　喜	38.92	48.21	65.51	90.50	122.69	146.19	164.68	202.19
云　烟	37.52	54.79	69.49	76.78	104.88	123.40	140.04	171.93
黄　山	15.57	16.80	21.89	45.13	101.67	121.98	138.15	164.28
哈德门	26.22	67.89	100.71	105.01	156.93	154.89	134.69	132.32
七匹狼	13.53	22.06	33.33	54.22	85.37	105.59	119.47	139.70
红山茶	35.19	46.04	70.16	79.45	133.11	131.04	119.47	37.16
芙　蓉	26.72	41.74	89.48	105.49	112.78	87.80	79.02	48.28
利　群	18.35	25.88	29.61	41.29	54.26	67.16	85.27	108.30
中　华	17.28	21.45	23.69	30.24	37.54	47.69	53.27	70.78
芙蓉王	12.52	18.47	23.12	30.75	42.16	52.73	64.59	83.26
玉　溪	11.53	14.97	15.72	20.73	30.51	40.47	52.43	68.93

⋆ 卷烟上水平

重点围绕品牌发展、原料保障、技术创新、市场营销和基础管理五个方面，制订主要目标，明确重点任务，全面推进卷烟“上水平”。

品牌发展上水平

全行业通过五年或更长一段时间，做大品牌规模、降低产品危害、提升品牌价值，逐步形成以“532”品牌（产销规模超过 500 万箱、300 万箱和 200 万箱的品牌）和“461”品牌 [批发销售收入（含税）超过 400 亿元、600 亿元和 1000 亿元的品牌] 为主导的中国卷烟知名品牌新格局，打造一批以“市场影响大、商业价值高、产品质量好、风格特色明显、核心技术突出、文化内涵丰富、满足消费者需要”为主要特征的中式卷烟知名品牌。

原料保障上水平

到 2015 年，基本实现烟叶供应基地化、烟叶品质特色化、生产方式现代化，形成“供求平衡、质量优良、特色突出、结构合理、配置高效”的原料体系，为品牌发展提供坚实的优质原料保障。烤烟种植面积稳定在 1600 万亩左右，收购量 4800 万担左右，片烟进口量 300 万担左右，出口备货量 400 万担左右。

技术创新上水平

到 2015 年，行业技术创新体系更加完善，科技资源配置更加优化；在关键技术上取得重大突破，行业自主创新能力显著增强；在高层次、高技能人才培养上取得显著成效，拥有一批技术创新领军人才；在建立有效激励机制上取得明显进步，科技人员创新热情充分激发。

市场营销上水平

到 2015 年，公平竞争的市场环境基本形成，品牌培育能力显著增强，国际一流的卷烟销售网络全面建设，中国烟草物联网初步建立。主要内容是营造公平市场环境，着力培育知名品牌，全面提高服务质量，全面建设一流网络。

基础管理上水平

到 2015 年，全面实现信息化与烟草生产经营管理相融合，多数工商企业管理水平达到国内制造业和流通业一流水平，部分工商企业达到国际先进水平。主要内容是全面加强预算管理，扎实推进贯标工作，深入开展对标工作，全面推进创建优秀基层单位活动。

⋆ 卷烟价类

随着卷烟消费结构不断提高，五类烟比重已降到很微弱的地步，失去了统计意义，同时，不含税调拨价在 100 元／条以上的卷烟品牌数量和产量在增加，形成了一个比较重要的统计样本，而这个样本与原价类标准中一些低一类烟可比性较小，做硬性比较往往不能得出准确、有意义的结论。更为重要的是，原价类标准划分不均衡，不利于推进“同档同价同差率”的卷烟价格管理改革。为准确及时地反映不同档次卷烟在生产和消费环节的实际情况，加强行业宏观调控和经济运行研究，国家烟草专卖局先后对卷烟价类标准进行重新划分。

表 13-4 2009 年 5 月 1 日开始执行的新卷烟分类标准

类　别	标准条（200 支）不含税调拨价格
一类烟	100 元（含）以上
二类烟	70（含）~ 100 元
三类烟	30（含）~ 70 元
四类烟	16.5（含）~ 30 元
五类烟	16.5 元以下

表 13-5 2007 年 1 月 1 日开始执行的新卷烟分类标准

类　别	标准条（200 支）不含税调拨价格
一类烟	100 元（含）以上
二类烟	50（含）~ 100 元
三类烟	30（含）~ 50 元
四类烟	16.5（含）~ 30 元
五类烟	16.5 元以下

* 中国烟草财税体制改革与调整历史沿革

长期以来，烟草行业一直实行“寓禁于征”的重税政策。自改革开放以来，我国烟草财税体制共进行了七次改革和调整：

(1) 1983 年卷烟工商税上划为中央税。

(2) 1992 年 11 月烟草产品税率调整。

(3) 1994 年分税制财政体制改革。

(4) 1998 年 7 月进行的税率调整。

(5) 2001 年 6 月对烟草制品税收政策的调整。

(6) 2002 年所得税分税制度调整。

(7) 2009 年 5 月，再次对烟草制品税收政策的调整。

财税 2009 年 [84] 号文件规定，甲类香烟的消费税从价税税率由原来的 45% 调整为

56%，乙类香烟的消费税从价税税率由原来的30%调整为36%，雪茄烟由原来的25%调整为36%。除了在生产环节进行调整外，在卷烟批发环节加征从价税，税率为5%，即在中华人民共和国境内从事卷烟批发业务的单位和个人，凡是批发销售的所有牌号规格卷烟的，都要按批发卷烟的销售额（不含增值税）乘以5%的税率缴纳批发环节的消费税。

表13-6 调整后的烟产品消费税税目税率表

税目	税率	征收环节
烟		
1. 卷烟		
工业		
（1）甲类卷烟	56%加150元/箱	生产环节
[调拨价70元（不含增值税）/条以上（含70元）]		
（2）乙类卷烟	36%加150元/箱	生产环节
[调拨价70元（不含增值税）/条以下]		
商业批发	5%	批发环节
2. 雪茄	36%	生产环节
3. 烟丝	30%	生产环节

* 中国卷烟单位换算关系

一条=200支

一件=50条=10000支

一箱=5件=250条=50000支

国际通用标准计算以支为单位，中国卷烟通常以箱为单位公布数据。

* 烟草信息主流媒体推荐

《中国烟草》

《中国烟草》是由国家烟草专卖局主管，半月刊，具有很高的权威性，是准确把握行业政策必须阅读的杂志。

《东方烟草报》

《东方烟草报》是中国烟草行业唯一具有国内同样刊号的报纸，面向全行业和全国公开发行的烟草主流媒体。

《营销界·烟草》

《营销界·烟草》是《销售与市场》杂志社下属的一本面向烟草的杂志，主要以实务、评论、思想为主，以营销角度观察烟草行业。

《糖烟酒周刊·烟草》

《糖烟酒周刊·烟草》是《糖烟酒周刊》杂志社下属的一本面向烟草的杂志。

《烟草科技》

《烟草科技》是由国家烟草专卖局主管、中国烟草总公司郑州烟草研究院主办、中国烟草科技信息中心编辑出版的综合性技术类刊物，是以朱尊权院士为代表的老一代烟草科技工作者培育和发展起来的。重点报道烟草科研、生产、加工及相关学科的科研成果、技术创新和推广应用。

＊ 烟草相关网络

烟草在线（网址：http：//www.tobaccochina.com/）

烟草在线是目前国内专注于烟草行业的网站，具有第三方性质，新闻速度快，新闻时讯、专栏文章等很具特色，有论坛、视频等较为前沿的观点，尤其“中烟视界”值得关注。它是烟草行业培训师需要关注的网站。

中国烟草资讯网（网址：http：//www.echinatobacco.com/）

中国烟草资讯网是由国家烟草专卖《中国烟草》杂志社直接管理的一个网站，较为权威。

东方烟草网（网址：http：//www.eastobacco.com/）

东方烟草网是由《东方烟草报》直接管理的一个网站，较为权威。

中国烟草科教网（网址：http：//www.tobaccoinfo.com.cn/）

适合从事研究技术的培训师关注的网站。

国家局内网

只有具有一定权限、一定范围的人员才能登陆，是及时了解国家烟草专卖局最新政策最好、最快的平台。

烟悦网（网址：http：//www.yanyue.cn/)

一个与烟民沟通的网站。

福建烟草网（网址：http：//www.fjycw.com/)

福建省烟草公司主办的网站，较能体现商业公司特点。

新华烟草信息网（网址：www.xhyc.net，www.xhtobacco.com)

由新华社烟草信息专线负责管理。作为知名的烟草信息服务机构，新华社烟草信息专线拥有长达十年的行业信息服务经验。通过新华社独有的信息采集与加工优势，拥有一流的分析师队伍，丰富的行业服务经验，为我们提供政策与法规、市场与品牌、舆情与公关、管理与文化等多维度、多层次的信息服务。网站需要支付费用才能登陆查阅。

附件 1
《烟草行业发展态势与竞争格局》课程大纲

主讲：姚日来

* 一、中国烟草专卖制度历史沿革

（一）对专卖的理解

（二）专卖制度的历史沿革

（三）中国烟草财税体制的历史沿革

* 二、2002 年以来的重大改革

（一）改革背景介绍

1. WTO 和 WHO
2. 烟草行业总体竞争力趋弱
3. 国家烟草专卖局领导人更替

（二）近年来改革基本步骤

1. 工商分离，重点突破
2. 联合重组，调整结构
3. 转变职能，减少层次
4. 理顺产权，完善体制

（三）近年来烟草行业整体经济运行总体态势

（四）中国烟草行业总体运行趋势预测

* 三、近年来烟草行业政策轨迹分析

（一）背景回顾

1. 姜成康局长讲话历年关键词回顾
2. 57 号文件精神介绍

（二）近年来烟草行业政策轨迹

1. 一个基本方针和一个突破口
2. 三大战略
3. 四项主要任务
4. 其他

* 四、卷烟上水平及“十二五”规划

（一）卷烟上水平提出背景

1. 国家发展方式转变
2. 行业自身发展方式转变
3. 应对未来挑战的需要

（二）卷烟上水平内涵和作用

1. 五个上水平
2. 行业未来总体指导方针

（三）如何理解卷烟上水平

（四）“十二五”规划主要内容

1. 一个规划
2. 四个意见

* 五、烟草行业未来发展趋势分析

（一）532 和 461 背景下品牌发展格局

1. 部分工业企业规划的变化与设想
2. 重点骨干品牌分析
3. 超百万箱品牌格局分析

（二）中国烟草未来发展趋势的五大路径

* 六、新经济时代与烟草业

（一）中国进入新经济时代

1. 从消费史看时间坐标
2. 新经济时代的特征
3. 新经济时代的四个转变

（二）新经济时代下的烟草业发展态势

1. 中国经济与烟草业发展之间关系
2. 新经济时代的卷烟消费特点
3. 收入水平如何影响高端卷烟
4. 中华卷烟提价的背后机理与对策思考

* 七、世界烟草竞争格局与中国烟草

（一）国际烟草竞争格局

1. 奥驰亚
2. 英美烟草
3. 日本烟草
4. 帝国烟草

（二）中国烟草地位

烟草行业发展态势与竞争格局课程培训会

附注说明：

需要《烟草行业发展态势与竞争格局》课件和姚日来老师授课部分视频的朋友，请登陆“烟草培训专家互助互学”QQ群（179918870）下载。

附件 2

《烟草企业部门主管人力资源管理实务与技巧》大纲

主讲：姚日来

*一、引　言

（一）用工分配制度改革后的人力资源管理挑战

（二）部门主管是人力资源管理的第一责任人

1. 谁最了解员工的岗位职责？

2. “选人、育人、用人、励人”哪个更重要？

3. 部门主管在“选人、育人、用人、励人”方面，做了哪些工作？

案例 1：某烟草企业基层调查数据

案例 2：一线员工半年没有被表扬

*二、选　人

◇ 问题提出：为什么部门负责人一般都不愿意参加人才引进工作？

案例 1：成功的关键是选对人（《2010 年中国选才调查报告》）

（一）选人方式

1. 内部选人

2. 外部选人

（二）选人黄金原则：岗能匹配

1. 人得其职；职得其能

2. 岗能匹配原理的要点理解

（三）选人三要素

1. 目标需要

2. 人员匹配

3. 岗位要求

（四）选才三个错误

1. 有职缺就递补

2. 匆匆忙忙作决定

3. 以偏概全的决定

（五）选人技巧：望、闻、问、切

案例1：员工职业发展辅导员选拔

案例2：如何判断一个人对职业、上司、企业忠诚度?

视频演示：杜拉拉为什么被批评

*三、育　人

（一）识别下属的三个尺度

1. 意愿

2. 能力

3. 业绩

案例1：有能力和意愿，业绩就会突出吗?

（二）业绩不理想分析

1. 内部原因：意愿和能力

2. 外部原因：环境和机会

（三）如何育人技巧

1. 提高意愿方式

2. 提升技能途径：教育、培训、辅导、总结、交流、实践

3. 提供良好环境：提问题，不给答案、让适当的人做适当的工作、提供资源

4. 创造展现机会：合适的时候让下属到上级那里、何时安排重要任务

案例1：年终大会下属犯错误后如何进行辅导

案例2：培训主管岗位能力提升计划辅导

*四、用　人

（一）中外用人基本理论

1. 用人总原则

2. 用人阶段性

3. 用人层次性

4. 用人所长

5. 德鲁克的用人四原则观点

（二）个人技能成长走势

1. 兴奋阶段

2. 挫折阶段

3. 成长阶段

4. 专家阶段

案例1：不同能力阶段的用人方式

（三）主管用人四种风格

1. 高工作、高关系

2. 低工作、高关系

3. 高工作、低关系

4. 低工作、低关系

案例演练：请列举你工作中的实例，大家进行分析。

（四）用人的基本原则：人事匹配

1. 事情类别：轻重缓急

2. 知识型员工人事匹配技巧

3．“80”后、“90”后员工人事匹配技巧

案例 1：不同事情如何做到人事匹配

＊五、如何用好人

1．用人目的：铁打的营盘流水的兵

2．流程化管理

3．知识管理

案例 1：管理费用岗位工作流程

案例 2：红塔集团《维修师》内刊

＊六、励　人

问题提出：

以前条件艰苦，工资不多，怨言很少；可现在，工资收入增加了，反而怨言增多，为什么？

（一）激励

1．激励的含义

2．激励理论：需要层次理论、双因素理论、期望理论、公平理论、X 理论与 Y 理论、强化理论、鲍尔激励排序

案例 1：收入提升后员工反而变得难管

案例 2：年终奖金增加后怎么发

（二）有效激励方式

1．员工今天凭什么努力工作

2．主管激励工作自查

3．有效激励五个步骤：

了解下属的需要、确定希望达到的目标、提高下属的需求层次、确定有效的激励因素、使组织目标与个人需求达到平衡

4．非物质激励方式

目标激励	情感激励
榜样激励	批评激励
竞争激励	危机激励
授权激励	

（三）有效激励的技巧

1．制定员工成长计划

2．提高员工工作层次

3．提高员工劳动创造性

4．及时反馈与沟通

案例 1：某烟草企业员工需求调查

案例 2：下属电子邮件你有回复吗？

某卷烟厂正职中层管理人员人力资源管理实务与技巧培训会

附注说明：

需要《烟草企业部门主管人力资源管理实务与技巧》课件和姚日来老师授课部分视频的朋友，请登陆“烟草培训专家互助互学”QQ 群（179918870）下载。

附件 3
“烟草培训专家互助互学”QQ群简介

如果QQ仅仅是聊天，那与玩具没有什么区别。

作为培训专家，我们渴望交流、沟通，更希望能够进行专业讨论，互帮互学，不闲聊，“烟草培训专家互助互学”QQ群就是这样一个平台。

在这个群里，有来自烟草行业的培训专家、人力资源管理精英，也有来自服务于烟草行业的培训机构和顾问，他们以专业的视角、独特的解析，为群内学员解答各种问题。

如果你感兴趣，请赶快加入。

“烟草培训专家互助互学”QQ群号：179918870

附件 4
“烟草培训专家互助互学”QQ 群声明

欢迎大家加入“烟草培训专家互助互学”QQ 群！

这里是我们幸福的家园，我们将以更加专业、更有趣的内容让大家一起分享我们所有的酸甜苦辣。如果你愿意把你在烟草培训、人力资源管理方面的想法记录下来，与我们分享；把你在日常工作中遇到的困惑和问题记录下来，与我们交流，我们将以更加专业的视角与大家共同交流。

如果在你的圈子里有对这方面感兴趣的，或者是更加权威的专家，诚邀他们加入吧。让我们的队伍更加壮大，让我们的见识更加宽广。

同时，谢绝一切广告及其他意图人员，我们将以严格的方式进行管理。谢谢理解！